轻松做人　快乐生活

QINGSONG ZUOREN KUAILE SHENGHUO

愿本书如一丸良药、一掬清泉、一场甘霖、一束阳光，
能温暖滋润您的心灵家园，丰盈充实您的生命历程。

QINGSONG ZUOREN

KUAILE SHENGHUO

学会轻松做人　懂得快乐生活

轻松做人

快乐生活

廖　勇　编著

光明日报出版社

图书在版编目（CIP）数据

轻松做人 快乐生活 / 廖勇编著 . —— 北京：光明日报出版社，2012.1

（2025.4 重印）

ISBN 978-7-5112-1869-8

Ⅰ . ①轻… Ⅱ . ①廖… Ⅲ . ①人生哲学—通俗读物 Ⅳ . ① B821-49

中国国家版本馆 CIP 数据核字 (2011) 第 225278 号

轻松做人　快乐生活

QINGSONG ZUOREN KUAILE SHENGHUO

编　　著：廖　勇

责任编辑：李　娟　　　　　　　　　　责任校对：文　朔

封面设计：玥婷设计　　　　　　　　　责任印制：曹　诤

出版发行：光明日报出版社

地　　址：北京市西城区永安路 106 号，100050

电　　话：010-63169890（咨询），010-63131930（邮购）

传　　真：010-63131930

网　　址：http://book.gmw.cn

E－mail：gmrbcbs@gmw.cn

法律顾问：北京市兰台律师事务所龚柳方律师

印　　刷：三河市嵩川印刷有限公司

装　　订：三河市嵩川印刷有限公司

本书如有破损、缺页、装订错误，请与本社联系调换，电话：010-63131930

开　　本：170mm×240mm

字　　数：203 千字　　　　　　　　　印　张：15

版　　次：2012 年 1 月第 1 版　　　　印　次：2025 年 4 月第 4 次印刷

书　　号：ISBN 978-7-5112-1869-8-02

定　　价：49.80 元

前 言

PREFACE

红尘世间，纷纷扰扰，人来人去，步履匆匆。

擦身而过中，有人一声哀叹"做人真难"，又有人几句抱怨"生活太累"。

歌中唱："你我皆凡人，生在人世间。终日奔波苦，一刻不得闲……"它或许为我而写，为你而写，为他而写。

在人际关系日益复杂、生存压力越来越大的今天，越来越多的现代人感叹：做人真难、活得太累！其实，做人是一门学问，做人应该学会轻松；生活是一大难题，生活不能没有快乐。在年复一年、日复一日的忙碌后，你若停下来，扪心一问：我多久未静看日升日落的壮美了，我多久未细听花开花谢的声音了，我多久未朗读震撼心魂的诗歌了，我多久未陪伴爱人走过繁华的大街了……你就会为错过不少生活中的美好而深感遗憾。其实，你完全可以暂且卸下沉重的包袱，让心灵喘个气、打个盹。生命的真谛就在于懂得轻松做人与快乐生活。

轻松是真诚微笑，由衷赞美，难得糊涂，将心比心。

轻松是拒绝借口，老实做人，刚柔并济，方圆有度。

轻松是认识自己，征服自己，舍车保帅，适时放手。

快乐是把握当下，珍惜已有，昂首厄运，苦中一笑。

快乐是笑看得失，冷却心欲，知足常乐，大肚能容。

快乐是活出自我，仁者爱人，追逐情趣，放松身心。

轻松、快乐本身就是世间成本最低、风险最小的成功，却能让人真正受用；而且，它们还是可以"传染"的，你的悲喜能感染你周围的每一个人。轻松做人是一种境界，一种处世智慧；快乐生活是一种修为，一种生存艺术。心灵为名利所役，终日患得患失，你会错过多少美好的风景！给生活一些空间，让自己轻松一点，你会发现快乐无处不在！

本书从启迪人生智慧、揭开生活面纱的初衷出发，通过寓意深刻的人生哲理故事来揭示轻松做人、快乐生活的秘诀，帮助读者提升精神境界和品性修养。学会轻松做人、懂得快乐生活，我们就能够享受到生命底蕴的醇味，超越悲观，以最好的精神状态去迎接生活。

做自己的主人吧，轻松快乐每一天，再苦也要笑一笑，当你的心灵盛满煦暖春风和灿烂花朵时，幸运就会洋溢在属于你的每一个寻常日子里。幸福的遥控器在你手中，就看你是否能将心灵的视窗准确地调放到快乐频道。交给你一把快乐的钥匙，幸福的大门等待你打开……

愿本书如一丸良药、一掬清泉、一场甘霖、一束阳光，能温暖滋润你的心灵家园，丰盈充实你的生命历程。

读完本书，你会在真心一笑之余，豁然醒悟：原来做人可以这样轻松，生活可以这般快乐！

目　录
CONTENTS

上篇　轻松做人

第三章　轻轻松松，做最好的自己

第四章　学会选择，懂得放弃

第五章　挑战逆境，笑对命运

第六章　轻松行走每一天

下篇　快乐生活

第七章　享受工作，快乐人生

第八章　心态好，活得好

第九章　笑看得与失

第十章 真情快乐一生

第十一章 你在笑，他才笑

第十二章 放松自己，活出自我

第十三章 给身心泡泡温泉

第十四章 享受灿烂生活

扫码获取
更多资源

上 篇

轻松做人
QINGSONG ZUOREN

第一章

先做人，后做事

古今中外，做人可谓人生的第一命题、第一学问。它是一个从呱呱坠地到风烛暮年所面对的事情，既包括对物质的追求，又包括对精神的塑造。小到一言一笑、举手投足，大到安身立业、扭转命运，无一不被烙上"做人"的印迹。怎样做人？如何轻松做人做事？这需要我们静心思考，用心揣摩。其实，无论你想成就什么样的事业，做人都无法被忽略。学会做人，你才能轻松渡越人生之海！

让梦想照亮人生之旅

【 梦想是人生的太阳 】

俄国大作家列夫·托尔斯泰说："梦想是人生的指路明星。没有它，就没有坚定的方向；没有方向，就没有美好的生活。"

梦想是什么呢？梦想是对美好未来的向往与追求，它在我们的生命中是不可或缺的。没有泪水的人，他的眼睛是干涸的；没有梦想的人，他的世界是黑暗的。

　　我们幼年时，都对这个多彩的世界充满好奇；当我们步入 20 岁，满眼都是梦幻。有人想当科学家，探寻世界的奥秘；有人想做将军，指挥千军万马；有人想成为诗人，讴歌人生的美妙……这种内心的图景是一种对未来的渴望，是人类生命中永远的光亮。

　　在美国洛杉矶郊区，有一个 15 岁的孩子叫约翰·戈达德，他把自己这一辈子想干的大事列了一个表，他给那张表命名为《一生的梦想》。

　　表上的内容如下：

　　到尼罗河、亚马孙河和刚果河探险；

　　登上珠穆朗玛峰、乞力马扎罗山和麦特荷恩山；

　　驾驭大象、骆驼、鸵鸟和野马；

　　探访马可·波罗和亚历山大大帝走过的道路；

　　谱一部乐曲；

　　主演一部像《金刚》那样的电影；

　　读完莎士比亚、柏拉图和亚里士多德的著作；

　　游览全世界的每一个国家；

　　结婚生孩子；

　　参观月球；

　　……

　　每一项都编了号，一共有 127 个目标。

　　当时，很多人都以为他发疯了。

　　在戈达德把梦想庄严地写在纸上之后，他就开始抓紧一切时间来实现它们。16 岁时，他和父亲到了佐治亚的埃弗格莱兹去探险。20 岁时他已经在加勒比海、爱琴海和红海里潜过水了。他还成为一名空军驾驶员，在欧洲上空做过 33 次战斗飞行。

　　21 岁时他已经到 21 个国家旅行过。22 岁刚满，他就在危地马拉的丛林深处发现一座玛雅文化的古庙。同一年他就成为"洛杉矶探险家俱乐部"有史以来最年轻的成员。26 岁时，他和另外两名探险伙伴用 10 个月的时间，经历种种生死考验，穿越了 6000 多公里的长河，从尼罗河口进入了美丽的地中海。

　　从此，戈达德接连不断地向他的目标进军：

乘筏漂流了整个科罗拉多河；探查了长达 4300 公里的全部刚果河；他爬过阿拉拉特峰和乞力马扎罗山；驾驶超音速两倍的喷气式战斗机飞行；写成了一本书《乘皮艇下尼罗河》；他结了婚并生了五个孩子；他担任过专职人类学学者，拍了电影，成了演说家。

到现在为止，戈达德已经完成了大部分的目标。

他未来的计划仍然是充实的，其中包括游览长城（第 49 号）和攀登麦金莱山（第 53 号），他绝不轻易放弃任何一个目标。"这样，一有机会到来时，我总是'准备完毕'。"在他的内心深处，他坚信有一天终能实现他的第 125 号目标——参观月球。

戈达德的故事告诉我们：人生中目标的设立与你的最终成就紧密相关，要想取得成功，就要尽量为自己树立一个高远的目标。

有人曾问三个砌砖工人："你们在做什么？"第一个工人说："砌砖。"第二个工人说："我正在挣工资。"第三个却说："我正在建造宏伟壮丽的大厦。"

从中我们可以发现各人的工作态度：第一个工人是为工作而工作；第二个工人是为赚钱而工作；第三个工人则是为创造目标而工作。后来，前两人生都是普普通通的砌砖工人，而第三个工人则成了有名的建筑师。

由此可见，最早立下的目标决定了最后得到的结果。

流沙河曾经这样赋诗：

理想是石，敲出星星之火；

理想是火，点燃希望之灯；

理想是灯，照亮夜行之路；

理想是路，引你走向黎明。

让我们彼此共勉，带着缤纷多彩的梦想，开始漫漫的人生之旅吧！

人生妙悟：

人因为梦想而伟大。有了梦想，我们可以在任何情况下，都拥有希望，坚信未来，不轻言妥协，不轻言放弃。

诚信，攀登未来的阶梯

【 诚信——无形的力量，无形的财富 】

人生在世，"必诚必信"。要做一个堂堂正正的人，必须诚实守信。诚实是忠诚老实，言行一致；守信是恪守信约，说到做到。

生活中，诚实的人才是可以信任的人。

三国时，孙策任用吕范主管东吴财政大权。孙策的弟弟孙权此时年少贪玩，总是偷偷地向吕范要钱，吕范则一定要请示孙策，从不独自答应孙权，因此孙权对他很不满。后来孙权任阳羡县令，建立了自己的小金库以备私用。孙策有时来查账，功曹周谷总是为孙权涂改账目，造假单据，使孙策没有理由责怪孙权，孙权这时很感激周谷。

后来，孙权统管东吴大事，因为吕范忠诚，特别受到孙权的信任；而周谷却因为善于欺骗和更改账目，始终没有得到孙权的重用。

从中可见，虚假终难持久生存。

其实，只要我们真诚地对待别人，别人也会同样对待我们。有这样一个久为流传的故事：

有一天，农夫弗莱明在田里工作时，听到附近泥沼有求救哭喊声。于是他放下农具，跑到泥沼边，发现一个小孩掉到粪池里，弗莱明就把这个小孩从粪池里救了出来。

第二天，有一辆崭新的马车停在农家，车里走出来一位优雅的绅士，他自我介绍是那个被救小孩的父亲。绅士说："我要报答你救了我孩子的生命。"农夫却说："我不能因救你的小孩而接受报酬。"

这时，农夫的儿子走进茅屋，绅士问："那是你的儿子吗？"农夫很骄傲地回答说："是。"绅士说："我们订个协议，让我带走他，并让他接受良好的教育，假如这个孩子能像他父亲一样，那么他将来一定会成为一位令你骄傲的人。"

农夫答应了。后来农夫的小孩从圣玛利亚医学院毕业，并成为举世闻名的科学家，1944年被英王赐予骑士爵位，他就是弗莱明·亚历山大，盘尼西林的发明者，后来又得到诺贝尔奖。

数年后，绅士的儿子染上肺炎，谁救活他呢？盘尼西林。那绅士是上议院议员丘吉尔，而他的儿子就是英国伟大的政治家丘吉尔爵士。

因为真诚，就有了上述美好的结局。

"君子一言，驷马难追"，讲的就是人的信誉。一个没有信誉的人，是为人所不齿的。

信誉是个人的品牌，是个人的无形资本。有形资本失去了还可能重新获得，而无形资本失去了就很难重新获得了，所以，人再困难也不能透支无形资本。

人生妙悟：

要真心真意地待人，尊重并信守一个诺言，有时比登山涉海还难。但诚信依旧是世上最宝贵的财富，在这方面进行投资的人，将会赢得丰硕的回报。

给生命之帆鼓满自信

【 自信，可以化渺小为伟大，化平庸为神奇 】

我国战国时代的孟子反对"自暴自弃"，认为"人皆可以为尧舜"。他本人也十分自信，曾言"我善养吾浩然之气"，"如欲平治天下，当今之世，舍我其谁也?"

印度诗人泰戈尔写过这样的诗句：

"可能"问"不可能"道：

"你住在什么地方呢?"

它回答道："在那无能为力者的梦境里。"

高尔基曾列举许多普通人成才的范例，启发人们的自信心。他说，人类已经千百次地证明，他想成为怎样的人，就能成为怎样的人。

"人生是为成功，不是为失败。"美国哲学家亨利·梭罗说。"自信是成功的第一秘诀。"美国哲学家、散文家兼诗人拉尔夫·爱默生宣称。

我们只要认为自己能够做事，我们就可以真的变得了不起。

山里的一位樵夫，经过半年的辛勤劳动，终于建造成了一间可以遮风挡雨的木房子。有一天，他挑了砍好的木柴到城里去卖，黄昏回家时，却发现他的房子着起了大火。

左邻右舍都前来帮忙救火。由于风势太大，大火还是没有办法被扑灭，一群人只能静静地待在一旁，眼睁睁地看着大火吞噬了整栋木屋。当火终于灭了的时候，人们看见这位樵夫手里拿了一根棍子，跑进倒塌的屋里不断地翻找着什么。围观的邻人以为他正在翻找着藏在屋里的珍贵宝物，所以都好奇地站在一旁。过了许久，樵夫终于兴奋地叫着："我找到了! 我找到了!"

邻人这才发现樵夫手里捧着的是一片斧刀，根本不是什么值钱的宝物。

只见樵夫兴奋地将木棍嵌进斧刀，自信地说："只要有这柄斧头，我就可以再建造一个更坚固耐用的家。"

拥有自信，一切都能从头再来。

没有成功，人生就失去意义；没有自信，人们就失去成功的可能。自信是人生价值的自我实现，是对自我能力的坚定信赖。

失去自信，是心灵的自杀，它像潮湿了的火柴，再也不能点燃成功的火焰。许多人的失败，不在于他们不能成功，而是因为他们不敢争取，或不敢不断争取。自信则是成功的基石，它能使人强大，能使丑小鸭变成白天鹅。没有自信，绝无行动，这样，再壮丽的理想也只不过是没有曝光的底片。

想成为一个自信的人吗？以下几点或许对你会有所帮助：

1. 每天提醒自己："我是最棒的！""没有不可能！"

2. 别总想着自身的缺陷与短处。

3. 多读书，读有用的书。

4. 为人坦诚，承认并学习他人的成就和魅力。

5. 锻炼当众发言。

6. 经常爽朗大笑，它是医治信心不足的良药。

7. 找一个能分享快乐、承受痛苦的好朋友，并学会倾听。

8. 加快你的步行速度。

9. 多听一听贝多芬的《命运》等振奋人心的作品。

人生妙悟：

自信可以产生勇气，也可以产生智慧。自信的光与热，能够驱散前进道路上的迷雾，排除征途中的障碍。有了它，就能战胜物质条件的困难，就能把人生风雨路上的阻力，化为成功的动力。

赢在方圆之道

【 智欲圆而行欲方 】

人生旅程中，有无数的浪潮在你面前。是竭尽全力，与它们拼死拼活？还是暂时休战，另觅航路？为了最终的成功，我们往往需要许多痛苦的退让与妥协。

在复杂多变的社会里，许多正直而又明智的人为了维护人格的独立，他们不是锋芒毕露，而是有张有弛，掌握分寸，逐渐形成了"外圆内方"的性格。

圆为动，方为静。圆是机变，以万变应不变；方是原则，以不变应万变。有方无圆则滞泥，然而，只圆不方，一个八面玲珑、滚来滚去的"○"，也太过圆滑。方，是人格的自立，自我价值的体现。做事要方，即遵循规矩、法则，绝不可乱来。"取象于钱，外圆内方"是近代职业教育家、中国民主同盟领袖黄炎培为自己书写的处世立身的座右铭。

历史上有一个人叫冯道，人们对他褒贬不一。唐末五代有四个王朝都请冯道出来做官，而他对每个君主都表现出忠心。对冯道这种行为，欧阳修骂他无耻，认为他没有气节。而同时代的王安石、苏轼等人却认为他了不起，是"菩萨位中人"。尽管他在胡人统治的朝廷为官，但他本人的生活却十分严谨，既不贪财，也不好色。在他的谨慎和圆滑中，他始终坚持着自己的人生大原则。清代史家赵翼认为冯道在当时民族矛盾十分尖锐的情况下，尽自己所能维护社会稳定，协调民族纷争，是有功的。其实，冯道也希望有一个明君出现，救百姓于水火之中。他死后很多年，才出现了赵匡胤，建立了大宋王朝。

纵观冯道的一生，可谓"圆内容方"。

做人要圆的这个圆绝不是圆滑世故，更不是平庸无能。这种圆是圆通，是一种宽厚、融通，是大智若愚，是与人为善，是居高临下、明察秋毫之后，心智的健全和成熟。不因洞察别人的弱点而咄咄逼人，不因自己比别人高明而盛气凌人，要潜移默化地影响别人而又绝不会让人感到是强加于他……这需要极好的素质，很高的悟性和技巧，这是做人的一种境界。

战国末期，老将王翦率领 60 万秦军讨伐楚国，秦始皇亲自到灞上为大军送行，王翦请求秦始皇赏赐给他大量土地宅院和园林，好作为子孙的家产。

秦始皇听后觉得这点要求微不足道，便一笑了之。

王翦带领军队进了函谷关，心里还惦记着地产的事，接连几次派人向秦始皇提出赏赐地产的要求。

王翦手下的将领见他率兵打仗还念念不忘田宅，觉得不可思议，便问他说："将军如此三番五次地恳请田宅，不是做得太过分了吗？"

王翦答道："不过分，秦王这个人生性好猜疑，不信任人，现在他把秦国的全部军队让我统领，我不借此机会多要求些田宅，为子孙们今后自立做些打算，难道还要他身居朝廷而怀疑我有二心吗？"

第二年，王翦攻下了楚国，俘获楚王负刍。秦始皇十分高兴，赏给他不少良田美宅、园林湖地，封他为武成侯。

可见，王翦是极聪明的，他懂得以贪心来打消秦王的疑心。

我们若将方圆的智慧结合起来，该圆该方，到什么程度，都恰到好处，就符合了古人说的"中庸"和"自然"。

例如孔子，他不如子路勇猛，却可以教他畏惧；他不如子张矜庄，却可以教他随和；他不如子贡有辩才，却可以教他敛藏锋芒。他避免各人之短而兼用各人之长，不愧为中庸大师。

做官要清廉，经商要诚信，做学问要实在。对己方，严以律己；对人圆，宽厚待人；内心方，正直清静；外表圆，大智若愚。只要我们奉行着"方"的大方向大原则，再运用一些"圆"的技巧，为人处世便不必慨叹"难做"，而可以应付自如，游刃有余了。

人生妙悟：

做人做事可方可圆，把握此道，你即可兼具原则性和灵活性，赢得人生，成就事业。

谦逊的人最聪明

【 谦逊基于力量，高傲基于无能 】

这世上有一条涉及人们品行的十分重要的准则。你如果重视这条准则，你就永远不会落入山穷水尽的境地。谁遵循这一准则，谁就将有众多的朋友并经常感到幸福；谁违反这条准则，谁就会遭受挫折，它就是：谦虚行事、尊重他人。

19 世纪 60 年代，在法国巴黎，法朗士等一批文学青年准备创办一个文学刊物，他们写信给大文豪维克多·雨果，请求他写一封回信作为该刊的序言。雨果几天后回了信，青年们打开一看，里面写着："年轻人：我是过去，你们是未来。我是一片树叶，你们是森林。我是一支蜡烛，你们是万道霞光。我是一头牛，你们是朝拜初生耶稣的三博士（指光荣而幸运的人物）。我只是一道小溪，你们是汪洋大海……"看了回信，他们简直不能相信这是雨果写的，后经雨果女友朱丽叶特证实确是出自雨果之手，然而，他们担心此信会影响雨果的名誉，没敢发表。

其实，这封信恰恰是雨果谦虚品质的生动体现，它不仅无损大文豪的名誉，反而从另一侧面反映了他伟大和高尚的人格品质。

高尔基说："智慧是宝石，如果用谦虚镶边，就会更加灿烂夺目。"

只有谦虚的人才能得到智慧，才能在挫折和阻碍中找出成功的契机。

富兰克林在美国刚创建时，曾做出了许多功绩，被人称为"美国之父"。

少年时他年轻气盛，走路常挺胸抬头，迈着大步。有一次，富兰克林到一位前辈家拜访，当他准备从小门进入时，因为小门低了些，他的头被狠狠地撞了一下。

出来迎接的前辈笑着说："很痛吧！可是，这将是你今天拜访我的最大收获。要想平安无事地生活在世上，就必须时时记得低头。这也是我要教你的事情，不要忘了谦虚!"从此，富兰克林牢牢地记住这句话，并把"谦虚"列入人生的生活准则之中。

美国第三届总统托马斯·杰斐逊曾言："每个人都是你的老师。"他出身贵族，父亲曾经是军中的上将，母亲是名门之后。当时的贵族除发号施令以外，很少与平民百姓交往，他们看不起平民百姓。然而，杰斐逊没有秉承贵族阶层的恶习，主动与各阶层人士交往。他的朋友中有社会名流，但更多的是普通的园丁、农民或者是贫穷的工人。他善于向各种人学习，懂得每个人都有自己的长处。

有一次，他和法国伟人拉法叶特说："你必须像我一样到民众家去走一走，看一看他们的菜碗，尝一尝他们吃的面包。只要你这样做了，你就会了解到民众不满的原因，并会懂得正在酝酿的法国革命的意义了。"这样，他在密切群众关系的基础上，成长为一代伟人。

古人曾说："满招损，谦受益。学问广博的人，表现得好像还不充实；学识浅显的人，却急于让人知道自己。不敲击不响的，是朝廷重器黄钟大吕；响声喧闹刺耳的是低劣的陶盆瓦釜发出的声音。匣子里的珍宝，不达千金不会出卖；在市巷叫卖的东西，一文钱就可以买到。最擅长辩论的人看起来不善言辞，最聪明的人看起来却很笨拙。"

在人生的田地里，你愿意做高傲地举头向天的空心禾穗，还是低头向着大地母亲的充实禾穗?

人生妙悟:

谦逊是你有所作为的前提和基础。只有不断发现自己的不足，永不自满，才能增长更多的知识和才干。感到自己渺小的时候，将是巨大收获的开始。

做人要柔，做事要刚

【 刚柔并济，乃智慧人生 】

唐朝有一个叫段秀实的人，他靠邠宁节度使白孝德推荐做了泾州刺史。当时郭子仪担任天下兵马副元帅，住在蒲州，他的儿子郭晞以检校尚书的身份兼行营节度使，屯兵在邠州。

由于郭晞对部下管束不严，士兵骚扰百姓的事时有发生。段秀实就自荐到军队中代理都虞侯。不久，郭晞军队中有 17 个士兵到集市上抢酒，刺死酿酒的工匠，打坏了酿酒的器皿。段秀实抓捕了他们，砍了他们的脑袋挂在长矛上，立在集市中示众。郭晞军营中为之骚动，全都披上了甲。段秀实知道后便解下身上的佩刀，选了一个年老行动不便的人给他牵着马，径直来到郭晞军营门口。披甲的人都出来了，段秀实一边笑着一边往里走，说："杀一个老兵，为什么还要披甲武装起来？我顶着我的头颅来了。"披甲的士兵为他的大胆而感到十分惊愕。

郭晞出来后，段秀实批评他说："您父亲郭子仪副元帅功盖天下，现在您却放纵士兵做残暴之事，如果因此而使天子的边境地区发生动乱，这要归罪于谁呢？如果出了这种动乱，罪过就将牵连到副元帅了。现在邠州的坏青年，在军队的花名册上挂上了名，危害老百姓，别人都说'郭尚书凭着副元帅的势力，不管束自己的士兵'。这样下去，郭家的功名还能存在多久呢？"郭晞听了这话，连忙对段秀实拜了又拜，说："多亏您教导了我。"说完就呵斥他的手下人，让他们解除武装。

段秀实说："我还没有吃晚饭，请为我备饭吧。"吃完饭段秀实又说："我希望在您这里住一宿。"于是就在军营中睡下了。郭晞担心手下人胡来，当即要巡逻值夜的士卒保卫段秀实。第二天，郭晞同他一起到白孝德处谢罪，邠州靠段秀实的整治终于安定下来。

　　有柔有刚，是一种高超的斗争谋略。手中有了这件法宝，做人做事便能以静制动，轻轻松松。

　　宋太祖赵匡胤在夺得天下之后，担心部下危及帝位，他运用"杯酒释兵权"的高招，谈笑间，轻松将问题化解。可谓做人柔到极致，做事刚到极致，令后人钦佩不已。

　　三国时街亭之战中，因诸葛亮派出的大将马谡死搬兵法，刚愎自用，公然违抗诸葛亮的军事部署，把军营扎在山上被断了水源，而导致蜀军全线溃败。街亭失守，蜀军失去了进攻和防守的滩头阵地，最后全军被迫从陇西撤回汉中，第一次北伐宣布失败。诸葛亮对错用将领而导致北伐失败非常痛心，挥泪斩了马谡。但他允诺善待马谡家小，既依军法做事，又兼顾情义做人。为了发展和成长，我们必须努力克服挑战，设法解决诸多难题。

　　做人要柔，做事要刚，这是说一个人肯为自己负责，是一位肯担当、不敷衍塞责的务实者，他们肯在失败中寻找教训和经验，能在顺境中打下更广的根基，更重要的是他们有一种锲而不舍的干劲。

　　不管你是否愿意，生活总是不以人的意志为转移地将难题、困窘推到你的面前，让你时常领略到爬山、蹚河的滋味。所以，必须做人要柔，做事要刚。

　　人生妙悟：

　　有柔有刚，是明智者的选择。灵活运用，它将助你立于不败之地。

写好"奉献"二字

【 草朽了，却培育出鲜花；花萎了，却熏香了天空 】

一个乞丐正要吹手上的灰尘时，一颗大而晶莹的露珠掉到了他的掌心。

乞丐看了一会儿，把手掌递到唇边，对露珠说："你知道我将做什么吗？"

"你将把我吞下去。"

"看来你比我更可怜，生命全操纵在别人的手中。"

"你错了，我还不懂什么叫可怜。我曾滋润过一朵很大的花蕾，并让她美丽地开放。现在我又将滋润另一个生命，这是我最大的快乐和幸福，我此生无悔了。"

乞丐一下子愣住了，奉献中的快乐，他不曾体会。

有一个关于猪和牛的寓言。猪总是不受欢迎，而牛深受人们的喜爱，这让猪很困惑。猪对牛说："人们觉得你慷慨无私，因为你每天都贡献牛奶和乳酪。可是我呢？我把我的一切都贡献了出来。我献给他们熏肉和火腿，献出我的鬃毛作刷子，他们甚至炖我的脚！然而，没人喜欢我。为什么会这样？"

牛是怎么回答的呢？它答道："因为在我还活着的时候，我就奉献了！"

人生中，你所收获的，通常与你所付出的成正比。可以说，奉献精神是人生天平上最重的砝码。

在一位子爵为克里米亚战争胜利举办的晚宴上，他与来宾做了一个游戏，老军官们被要求在各自的纸片上写下一个人的名字，这个人要与那场战争有关，并且要他认为此人是这场战争中最可敬的人。结果每一张纸上都写着同一个名字：弗洛伦斯·南丁格尔。带来光明的天使——南丁格尔，因为在那场战争中的奉献而成为战后赢得最高名声的妇女。

1853 年，英法等国与俄国爆发了克里米亚战争。战争起初，英军的医疗救护条件非常低劣，伤员死亡率高达 42%。南丁格尔应英政府的函请，率领

38 名护士奔赴前线。6 个月后，战地医院发生了巨大的变化，伤员死亡率从 42% 迅速下降至 2%。这种奇迹般的护理效果震动了全国，英国妇女的地位开始显著提高，护理工作从此受到社会重视。

南丁格尔建立了护士巡视制度，每天夜晚她总是提着风灯巡视病房，一夜要走 7 公里以上。她每天工作要超过 20 小时，过度的劳累使她染上终生不愈的疾病。许多士兵返回英国后，把她在战地医院的业绩编成小册子和无数诗歌流传各地。

1912 年，国际护士协会（ICN）倡议各国医院和护士学校在每年 5 月 12 日南丁格尔诞辰日举行纪念活动，并将 5 月 12 日定为国际护士节，以缅怀和纪念这位伟大的女性。

奉献是指为实现某一理想或事业，贡献自己的力量乃至生命。

屈原一生"虽九死其犹未悔"，司马迁"常思奋不顾身，而殉国家之急"，诸葛亮"鞠躬尽瘁，死而后已"，鲁迅"吃的是草，挤出来的是牛奶"，所有这些，都是奉献精神的生动写照。

奉献是一种高尚的道德情操，是一种真诚自愿的付出行为，一种纯洁高尚的精神境界，是世界上最伟大的壮举。有了它，这个世界才变得如此美丽。

人不能只为自己而活，只为自己而活的人，无异于行尸走肉，一具臭皮囊。

一个人的人生价值的体现，不在于其地位、权力、财富，不在于高低贵贱，而在于他所做出的奉献。

人生妙悟：

"春蚕到死丝方尽，蜡炬成灰泪始干。"在一个灵魂崇高的人生之旅中，"奉献"二字永远不会被超越。

第二章

做人可以这么简单

请不要哀叹人心复杂，世情冷暖。真正的人生应该是快乐的，简单的，积极的。

一朵微笑的花，一只倾听的耳，一滴赞美的蜜，一杯难得糊涂的酒，一阵幽默诙谐的风……

拿出你的真诚之心，就会为自己架起一座座通往每个人心灵的桥。

微笑如花开放

【 微笑，没有人富得不需要它，也没有人穷得不拥有它 】

真诚的微笑是一种万能剂，它可以传达宽容、爱与信任；它可以消除融化人与人之间的冷漠之墙，对峙之冰；它是一种令人会意的情感，可以作为我们与别人沟通互动的桥梁。

一位可爱的女孩打开门时，发现一个持刀的男人正恶狠狠地看着自己。

她心中一惊，微笑着说："朋友，你真会开玩笑！是推销菜刀吧？我喜欢，我要一把。"

她边说边让男人进屋，接着说："你很像我过去一位好心的邻居，看到你真的好高兴，你要咖啡还是茶……"

本来脸带杀气的歹徒渐渐腼腆起来。

他有点结巴地说："谢谢，哦，谢谢!"

最后，女孩真的"买"下那把明晃晃的菜刀。陌生男人拿着钱迟疑了一会儿，在转身离去的时候，他说："小姐，你将改变我的一生!"

你知道微笑的价值吗?

在美国，发生过这样一件事情：有一根电线断了，电触到了一个小孩的脸，虽然没有致命，可是把左边的脸颊烧坏了，因而引起了一场官司。在法院里，原告的辩护律师要小孩把脸转向陪审团笑一笑，结果只有右脸颊能笑，左脸颊因神经烧坏，根本笑不起来。只花了 12 分钟，陪审团就一致通过，小孩可获得两万美元的赔偿金，这就是微笑在法律上的价值。

其实，微笑的价值还远不止此，它应该是无价的，没有人会愿意出卖它。

奇宾·当斯是底特律地区最受欢迎的节目主持人之一，他的受欢迎几乎遍及整个美国。有的听众写信给这位主持人，说他们通过听他主持的节目听到了他的声音，并且告诉奇宾·当斯说，他们透过他的声音看到了他的微笑。

观众经常说："当斯，你的微笑跟我听你的广播时所想象的完全一样。我本来害怕会失去你的微笑，但是并没有。"

有人问当斯总是那么高兴的原因，他说他的秘诀是从来不把烦恼摆在脸上，而是深藏在心中。因为，他的工作是娱乐别人，他说："为别人创造一个愉快的生活，这要从微笑开始，但必须是出自内心的微笑。"

就这样，奇宾·当斯用微笑，走进了千万人的心灵深处。

对于微笑的价值，曾有一则精彩广告如是说：

它不花什么，但创造了很多成果。

它使接受它的人满足，而又不会使给予它的人贫乏。

它在一刹那间发生，却会给人永远的记忆。

它为家庭创造了快乐，同时在外界建立了好感，并使朋友间感到了亲切关爱。

　　它使疲劳者得到休息，使沮丧者看到光明，给悲观者带来希望。

　　但它却无处可买，无处可求，无处可偷，因为在你给予别人之前，它没有实用价值。

　　生活中，微笑是一种含意深远的无声语言，可以鼓励对方树起信心，可以融化人们之间的陌生和隔阂，可以使别人刚见到你，就自然而然地产生一种亲切、信任的感觉。

　　无论我们周围的世界是怎样的令人痛苦不堪，无论我们心灵的天空如何阴霾密布，我们都应当微笑。平凡的生活中，一抹笑就是一道阳光，它不仅能够照亮自身阴暗的心空，还能温暖周围潮湿的心灵！

　　没有人会喜欢和信任那些整天愁苦满面、不会微笑的人。一个有真诚的微笑面孔的人，总会有希望。因为他的笑容是他善意的信使，可以照亮所有看到他的人。

人生妙悟：

　　哲人说："微笑是成功者的先锋。"微笑缩短了人们的距离，使彼此之间心心相通。无论走到哪里，微笑都是最美的礼物。

赞美是最好的通行证

【 赞美是美德的影子 】

大音乐家勃拉姆斯出生于汉堡。他家境贫寒，少年时便为生活所迫混迹于酒吧。他酷爱音乐，却由于出身农家，无法得到教育的机会，所以，他对自己的未来毫无信心。然而，在他第一次敲开舒曼家大门的时候，根本没有想到，他一生的命运就在这一刻决定了。

当勃拉姆斯取出他最早创作的一首 C 大调钢琴奏鸣曲草稿，弹完后站起来时，舒曼热情地张开双臂抱住了他，兴奋地喊道："天才啊！年轻人，天才！……"这出自内心的由衷赞美，使勃拉姆斯的自卑消失得无影无踪。从此，他便如同换了一个人，不断地把他心底的才智和激情宣泄到五线谱上，终于成为音乐史上一位卓越的艺术家。

美国总统罗斯福有一种本领，对任何人都能给予恰当的赞誉。

林肯也是一个善于使用赞誉的高手。韦伯这样评价林肯："拣出一件使人足以自矜并引起兴趣的事情，再说一些真诚又能满足他自矜和兴趣的话，这是林肯日常必有的作为。"

林肯曾说："一滴蜜比一加仑胆汁能吸引到更多的苍蝇。"

真诚地赞美别人，是洛克菲勒获得成功的秘诀之一。曾经，他的一个合作伙伴在一宗大生意中，使公司蒙受了几百万的损失。洛克菲勒并未责备他，反而称赞说，你能保住投资的 60% 已很不容易了。合作伙伴大为感动，在下一次合作中，他获得了极大的利润，并挽回了上次的损失。

人类最渴望的就是精神上的满足——被了解、被肯定和赏识。对我们来说，赞美就如同温暖的阳光，缺少阳光，花朵就无法开放。

赞扬别人是一种给予。许多人总是记得，在沮丧、绝望、萎靡不振时，别人的赞赏曾经给予他们多么大的快乐，多么大的帮助；赞扬，曾经多么神奇地帮助自己克服了自卑情结。他们认识到，周围的人，谁都渴望别人的欣赏和赞扬。所以聪明的人从不吝惜自己对别人真诚的赞美。

人们对于赞扬和认可总是不设防的，往往一句简单又看似无心的赞扬或一个认可的表情就是良好关系的开端，人与人的距离由此拉近。

某公司的一位清洁工，本来是一个最被人忽略的角色，但他在一天晚上，与偷窃公司钱财的窃贼进行了殊死搏斗。在颁奖大会上，主持人问他的动机是什么时，他的回答让人们大吃一惊。他说："公司总经理经过我身边时，总会赞美一句'你打扫得真干净'。"

学会真诚地赞美符合时代的要求，同时它也是衡量现代人素质和交际水平的一个标准。学会真诚地赞美是性情修养的需要，有助于使自己达到更高的人生境界。同时，你赞美别人就意味着你肯定了他人的优点与成绩，相对应的是，你也能逐渐意识到自己的缺点与不足。人只有不断地发现自己的缺点与不足，才能更好地完善自己，取得更大的进步。

有一位成功学大师根据他多年社交经验总结了以下几点赞美技巧：

1. 借别人之口转达赞美。

2. 赞美要真诚、公正。

3. 赞美要得体。

4. 赞美要及时而不失时机。

5. 寻找对方最希望被赞美的地方。

6. 赞美忌俗套、空洞。

朋友，学会真诚地赞美，在何时何地你都将畅通无阻，如鱼得水。它不是虚假地溜须拍马、奉承恭维，它是浇在玫瑰上的水，是博取好感、维系感情最有效的法宝，是促使人努力奋进的最神奇的兴奋剂。假如每个人都吐露内心深处的愿望，那肯定是：受到别人的赞美。

人生妙悟：

赞美是拂面的春风，是需要精心呵护的鲜花，是心灵的交流和碰撞，运用好赞美能改变你的一生。

对批评鞠个躬

【 批评乃珍宝，如蚌中砂石 】

唐朝的魏徵，在短短的十几年里，曾给唐太宗提出批评、建议二百多次，而唐太宗大多虚心接纳。在唐太宗执政的年代，出现了历史上有名的"贞观之治"。魏徵去世后，唐太宗对百官慨叹道："以铜为镜，可以照见衣帽是否端正；以历史为镜，可以看到国家兴亡的原因；以人为镜，可以发现自己的得失。如今魏徵去世，我就少了一面明察得失的镜子。"李世民对于批评的态度令后人盛赞不绝。

日本战国时期的堀秀政文武双全，曾经辅佐织田信长和丰臣秀吉两个霸主，当时的人都称赞他是国家的栋梁。

有一天，在他领地的城墙附近，有人竖立了一面木牌，上面列举着三十多条秀政的政治过失。家臣商量之后，决定把那面木牌拿给秀政看，并且非常愤怒地说："竖立这块木牌的人，实在太可恶了，应该立即逮捕并严厉处罚。"

秀政细观木牌上所写的"罪证"。他马上端正衣服，洗手漱口，把木牌举起来说："有人肯这样严格地指正我，实在太难得了，我应该把它看成上天的赐予，并当作传家之宝，好好收藏。"

于是，他把木牌用一只精美的袋子包起来，再装进箱子里，并召集家臣幕僚，将木牌上所列举的三十多条过失进行详细检讨。从此，秀政的政绩更加辉煌了。

由此可见，历史上成大业的人物常虚怀若谷，善于听取他人的批评、意见，以弥补自身不足。

一位政治家在演讲时，当地某个妇女组织代表站起来指责他说：

"你作为一个政治家，应该考虑到国家的形象，可是听说你竟和两个女人发生了关系，这到底是怎么回事呢？"

顿时，所有在场的人都一齐盯着政治家，等着听他如何解释这一起桃色新闻。

政治家并没有感到窘迫，反而十分轻松地说道：

"还不止两个女人，现在我还和五个女人发生关系。"

这句话，使代表和群众如堕雾中，迷惑不解。

政治家继续说：

"这五位女士，在年轻时曾照顾我，现在她们都已老态龙钟，我当然要在经济上照顾她们，精神上安慰她们。"

台下顿时掌声如雷。

金无足赤，人无完人。当别人批评你时，你应该感谢他，有则改之，无则加勉，你将不断获得成功。古人云："闻过则喜。"人因为不完美而需要批评，这正是批评的价值所在。

历史上许多著名人物都被人骂过。法国思想家卢梭被人讽刺为："他有一点像哲学家，正如猴子有一点像人类。"英国作家王尔德曾批评萧伯纳："他没有敌人，但他的朋友都深深地恨他。"美国的国父乔治·华盛顿曾经被人骂作"伪君子"、"大骗子"和"只比谋杀犯好一点"。

《独立宣言》的撰写人、美国第三任总统托马斯·杰斐逊曾被人骂道："如果他成为总统，那么我们就会看见我们的妻女，成为合法卖淫的牺牲者；我们会大受羞辱，受到严重的损害；我们的自尊和德行都会消失殆尽，使人神共愤。"威廉·布慈将军被人诬告侵占了某个女人募捐而来救济穷人的 800 万元捐款。他们不但没有被批评、辱骂所吓倒，反而更加乐观和自信，做出了影响深远的成就。

林肯也曾多次被责难、批评，但他坦坦荡荡，从来不以他的好恶来批判别人。在他所任命的高职位的人物中，就有不少是曾经批评过他的人。

生活中，狗看见你怕它，便愈加追赶你，恐吓你。批评如狗，如果某种批评把你吓住了，你便日夜都痛苦不安。但是如果你回转头来对着狗，狗便不再吠叫了，反而摇着尾巴，让你来抚摸。只要你正面迎击对你的批评，到头来，它反而会为你所融化、克服。

我们怕批评是因为批评中会有真的事实，愈真实我们就愈害怕而去逃避。然而批评之所以可贵，就是因为里面包含着真实的缘故。回避批评实际上是回避自身成长中潜藏的矛盾，对我们修养的提高、品格的历练、人身的完善毫无益处。

如果我们时时努力改正缺点，便没有空闲时间对那些细枝末节过于斤斤计较了。

善意的批评是朋友，而对于那些恶意的责难，我们可以置之不理，也可针锋相对，巧妙化解。

人生妙悟：

我们进寺庙中会发现佛像的耳朵通常都很大。人们常讲："耳大有福。"耳大之所以有福分，是因为这样的人善于听取别人的批评、意见。请牢记：良药苦口利于病，忠言逆耳利于行。

爱他人，是爱自己

【 爱人者人恒爱之 】

有一对夫妇开了一家小饭店。

刚开张时，生意冷清，全靠朋友和街坊照顾，但两个月后，夫妇俩便以待人热忱、收费公道而赢得了大批的"回头客"。小饭店的生意也一天一天地好起来。

几乎每到吃饭时间，这座小城里的大小乞丐，都会成群结队地到处行乞。他们去的最多的地方是各家饭店。人们从未见过小城里其他店主，能够像这夫妇俩一样宽容平和地对待这些乞丐。其他店主，一见到乞丐上门，就会拉下脸来严厉地呵斥辱骂，而这夫妇俩则每次都会笑呵呵地给这些肮脏邋遢的乞丐高举到面前来的那些锅碗瓢盆里，盛满热饭热菜。而且这些饭菜，都是从厨房里盛来的新鲜饭菜，并不是顾客用过的残汤剩饭。在施舍乞丐的时候，他们没有丝毫的做作之态，表情和神态十分自然，就像他们所做的这一切原本就是分内的事情。

一天深夜，街上一家经营丝绸的店铺，由于老板过分沉迷麻将而忘了将烧水的煤炉熄灭，引发了一场大火，殃及了该饭店。

这一天，恰巧丈夫去外地进货，一无力气二无帮手的女店主，眼看辛苦张罗起来的饭店就要被熊熊大火所吞没。情急万分之时，只见那班平常天天上门乞讨的乞丐，不知从哪里钻了出来，在老乞丐的率领下，冒着生命危险将一个个笨重的液化气罐及时搬运到了安全地段。紧接着，他们又冲进店内，将那些易燃物品也全都搬了出来。消防车很快来到，饭店由于抢救及时，虽然也遭受了一点损失，但大部分都给保住了。而周围的那些店铺，却因为得不到及时的救助，货物早已烧得精光。

火灾过后，人们都感叹说是夫妇俩平时的善行得到了回报。

正所谓：爱人者，人恒爱之。

春秋时，晋公子重耳在外逃亡，所经之处，有些国君看不起这个落难公子，待他很不礼貌。在曹国时，曹共公听人说重耳生有重叠的两排肋骨，顿生好奇，本不想接待重耳，却让他留下，趁他沐浴时，与夫人偷窥他，把重耳当成奇物观玩。重耳知道了怀恨在心。曹大夫僖负羁对共公说："晋公子贤，又同姓，穷来过我，奈何不礼！"共公不听，也不招待饮食。负羁便派人送给重耳及其随从饭肴，放玉璧于其中。重耳受其饭肴，送还玉璧。后来重耳回国继位，是为晋文公。他改革内政，整顿军旅，国力大盛。后来，他跟楚国争霸时，起兵先攻楚国的盟国曹国，俘虏曹共公，责骂其非礼之行，并下令三军不要进入僖负羁家，以报其德，因此负羁一族得保平安。

这真是辱人者害己，爱人者利己。

印度谚语说："帮助你的兄弟划船过河吧！瞧！你自己不也过河了？"人与人之间的互相关怀是可以互利互惠的。

有一位盲人，走夜路时经常打着灯笼。

人们十分奇怪地问："你本人双目失明，灯笼对你一点用处也没有，你为什么要打灯笼呢？不怕浪费灯油吗？"

盲人慢条斯理地回答道："我打灯笼并不是为给自己照路，而是因为在黑暗中行走，别人往往看不见我，我便很容易被撞倒。我提着灯笼走路，灯光虽不能帮我看清前面的路，却能让别人看见我。这样，我就不会被别人撞倒了。"

这位盲人用灯火为他人照亮了本是漆黑的路，为他人带来了方便，同时也因此保护了自己。

任何一种真诚的爱都会在现实中得到应有的回报。学会敞开心扉去爱他人，别人也会喜欢你。付出一点点，你将收获更大的快乐和满足。

爱自己，也爱别人，才能活出生命的最大价值。

人生妙悟：

爱人者，人必从而爱之；利人者，人必从而利之。

生活需要幽默

【 幽默是人生的调味佳品 】

幽默是人的思想、智慧和灵感的结晶，幽默风趣的语言风格是人的内在气质在语言运用中的外化，在人际交往中有很重要的作用。幽默使人轻松、愉快、爽心、抒怀，幽默可活跃气氛，联结双方感情，在笑声中拉近双方的心理距离。

一次，马克·吐温与雄辩家琼西·M.得彪应邀参加同一晚宴。

席上演讲开始了，马克·吐温滔滔不绝，声情并茂地讲了20分钟，赢得了台下热烈的掌声。然后轮到得彪演讲。

得彪站起来，面有难色地说："诸位，实在抱歉，会前马克·吐温先生约我互换演讲稿，所以诸位刚才听到的是我的演讲，衷心感谢诸位热情的捧场。然而，不知何故，我找不到马克·吐温先生的讲稿，因此我无法替他讲了。请诸位原谅我坐下。"

众人听了捧腹大笑，气氛异常炽烈。

幽默可以巧妙解决一些棘手的问题。

中国民间有个笑话：

李鸿章的一个远房亲戚胸无点墨，却想通过科举，平步青云。这年他来参加考试，试卷到手后，头冒冷汗，就胡乱答了一遍。后来他想："我是中堂大人的亲戚，将这层关系拉上，主考官敢不录取？"于是他写道："我乃中堂大人之亲妻。"他把"戚"错写成了"妻"。

那主考官为人正直，看了那狗屁不通的卷子正想要扔掉，忽然看见上面有一行字，看后，他就在下面批道："因你是李中堂大人之亲妻，故我不敢娶。"

这个笑话虽然没有什么可信性，但这个主考官顺着考生的错误，巧妙地运用幽默双关法却是一种智慧。

幽默是反击对方无礼责难的一种法宝。

一位牧师向一位黑人领袖提出诘难："先生既有志于黑人解放，非洲黑人多，何不去非洲？"

这位机敏的黑人领袖马上反驳道："阁下既有志于灵魂解放，地狱灵魂多，何不下地狱呢？"

法国名人波盖取笑美国人历史太短，说："美国人没事的时候，往往喜欢怀念祖宗，可是一想到祖父一代，就不能不打住了。"

马克·吐温回敬说："法国人没事的时候，也喜欢怀念祖宗，可是当他们想到父亲是谁时，就不得不打住了（讽刺法国私生子多）。"

加拿大外交官切斯特·朗宁在竞选省议员时，因幼年时吃过外国奶妈的奶水而受到政敌的攻击，说他身上一定有外国血统。

朗宁回击说："你是喝牛奶长大的，那身上一定有牛的血统了！"对方哑口无言。

幽默可以让人在笑声中得到启迪和教育。

有一次有关兵力问题的讨论中，有人问林肯，南方军在战场上有多少人？

"120万。"林肯回答说。

这个数字远远超过了南方军的实际兵力。望着大家充满惊愕和疑虑的眼神，林肯接着说："一点没错——120万。你们知道，我们的那些将军们每次作战失利后，总是对我说寡不敌众，敌人的兵力至少多于我军3倍，而我又不得不相信他们。目前我军在战场上有40万人，所以南方军是120万，这毫无疑问。"

幽默还可使矛盾双方从尴尬的困境中解脱出来，打破僵局，使剑拔弩张的紧张气氛得以缓和下来。

有一次，柏林空军俱乐部招待贵宾，主客是空军将领乌戴特将军。在敬酒时，一位年轻的士兵不慎将酒泼到了将军的光头上，全场顿时鸦雀无声，士兵也十分惊慌，不知所措。

将军慢慢地摸了几下头，拍着士兵的肩膀说："兄弟，你以为这种治疗会起作用吗？"

　　人们开怀大笑，紧绷的心弦松弛下来子，将军也因他的大度和幽默而让人觉得可亲可敬。

　　幽默是一种难得的个性，它代表了人性的自由和舒展。

　　谁能在幽默上占主动，谁就能很好地控制场面。

　　马克·吐温说："幽默具有悦人惠己的神效，在交际场合恰如其分的幽默，会赢得大家的好感，使你的形象在群体中迅速显现出来，成为一个极受大家欢迎的人。"

　　幽默是气质好的高度体现，是一种简洁而深刻的表达艺术，它直达他人内心深处。卑微时，幽默使人赢得尊严；高贵时，幽默使人保持朴实平和的心态。

人生妙悟：

　　幽默是一种修养，一种文化，一种艺术，一种润滑剂，一种兴奋剂。我们的生活需要幽默。

有一只倾听的耳朵

【 倾听不用花钱，却能赢得一切 】

小王是一位汽车销售人员，经人介绍去拜访一位曾经买过他们公司汽车的商人。一见面，小王照例先递上名片："我是 ×× 汽车公司的业务员，我姓……"才说几个字，就被商人严厉的口吻打断，商人开始抱怨当初他买车时不愉快的经历，什么报价不实、配备不对、交车等待过久、服务态度不佳……讲了一大堆，结果小王一句话也不说，只是静静地在一旁聆听。

这位商人把之前所有的怨气一吐为快后，稍微喘息了一下，才发觉这个行销人员好像以前没见过，于是便不好意思地对他说："你贵姓呀，现在有没有好一点的车型，拿份目录来看看吧！"

半小时后，小王高高兴兴地吹着口哨离开了，因为他已经拿到了两辆车子的订单。

小王讲的话不多，但是他却成功地完成了交易，原因就在于商人的一句话："我是看你诚恳又很尊重我，才向你买车的！"

从中可见，学会倾听，会产生不可思议的力量。

戴尔·卡耐基曾讲过这样一个故事：

有一次，他在纽约出版商格利伯的宴会上遇见一位著名植物学家。卡耐基从未同植物学家谈过话，但觉得他极有诱惑力。当时卡耐基坐在椅子上，静静倾听他讲大麻、大植物学家某某和室内花园等，他告诉卡耐基关于马铃薯开始被人类接受时的一些鲜为人知的奇事；听说卡耐基有一个小型室内花园，他还非常殷勤地告诉卡耐基如何解决几个问题。

在宴会上，当时还有十几位其他客人在那里，卡耐基忽略了其他所有人，而与这位植物学家谈了数小时之久。

到了午夜，卡耐基向众人道别，植物学家这时转向主人，说卡耐基是一位"最富激励性的"、"最有趣味的谈话家"。

实际上，卡耐基几乎没有说什么话。但是他耐心地倾听，对人们来说，那是一种最高的尊重和恭维。

一位青年只身离家去外面打天下，临行前，他的父亲告诉他："多听少说常点头！"

这位父亲真是个深谙人生滋味的人！

"多听"，就是多听别人说。多听，你将获得大量信息，深入了解对方的需求，准确把握事实的真相，洞察对方的真实意图。他说得越多，你知道得就越多！

"少说"，就可以多听。少说不但可以"导引"对方多说，还可以避免流露自己的内心秘密，更可以避免说错话，得罪别人。少说，你就成为一个冷静的旁观者，一切的一切，都在你的掌握之中。

"常点头"，就是在听别人说话时，向他表示你的专注。如果有不同意见，也要先点头再提出。这样，人人会当你是好朋友，你就没有走不通的道路。

如何去做一个良好的听众呢?

首先，要真诚，用眼睛注视对方，等于告诉他"我很有兴趣"，对方的自尊心将得到极大满足。

其次，应当力戒注意力不集中、对对方所说的内容不感兴趣、自己抢着发言、不给对方充分发表意见的机会和时间，或是多次打断对方的发言等。所以倾听对方发言时，要积极、主动、耐心。即使对方的发言冗长，甚至说了让自己不爱听的话，也不要不礼貌地指责对方，打断对方的发言。

另外，对对方发言的反馈要及时，谨慎选择时机和方式，还应鼓励对方充分发表他（她）的意见、看法。

人生妙悟：

希腊哲人说："上天赋予我们一个舌头，却赐给我们两只耳朵，所以我们从别人那儿听到的话，可能比我们说出的话多两倍。"这句话，就是告诉我们要多听少说，因为倾听是迈向沟通成功的出发点。

将心比心，换位思考

【 换上对方的心，才知道痛不痛 】

1956 年，在苏联共产党第二十次代表大会上，赫鲁晓夫作了"秘密报告"，揭露、批评了斯大林"肃反"扩大化等一系列错误，引起苏联全国及全世界各国的强烈反响。

由于赫鲁晓夫曾经是斯大林非常信任和器重的人，很多人都怀有疑问：既然你早就认识到了斯大林的错误，那么你为什么早先不提出不同意见？你当时干什么去了？你有没有参与这些错误行动？

有一次，在党的代表大会上，赫鲁晓夫再次批判斯大林的错误，这时，有人从听众席上递来一张条子。赫鲁晓夫打开一看，上面写着："那时候你在哪里？"

这个问题非常尖锐，赫鲁晓夫的脸上很难堪。他知道，许多人有着同样的问题，更何况，这会儿台下成千双眼睛已盯着他手里的那张纸，就等着他念出来。

赫鲁晓夫沉思了片刻，拿起条子，通过扩音器大声念了一遍条子的内容，然后望着台下，大声喊道："谁写的这张条子，请你马上从座位上站起来，走上台。"

没有人站起来，所有的人心怦怦地跳，不知赫鲁晓夫要干什么。写条的人更是忐忑不安，后悔刚才的举动，想着一旦被查出来会有什么结局。赫鲁晓夫重复了一遍他的话，请写条的人站出来。

全场仍死一般的沉寂，大家都等着赫鲁晓夫的爆发。

几分钟过去了，赫鲁晓夫平静地说："好吧，我告诉你，我当时就坐在你现在的那个地方。"

如果他直接坦承"当时我没有胆量批评斯大林"，势必会大大伤了自己面子，也不合一个有权威的领导人的身份。于是他巧妙地即席创造出一个场面，借这个场景来含蓄地给出自己的答案。这种回答既不损害自己的威望，也不让听众觉得他在文过饰非。

与人交往中，双方都觉得对方的言行不合适时，如果采取退一步思考问题的策略，把角色"互换"一下，就可能轻松地打破僵局。

有一个青年，准备招待几个外国朋友。当他拉开汽车车门时，由于用力过猛，车门坏了。瞬间他流下了眼泪。

这时，他的几个外国朋友正好赶来，便过来劝他。

经济强盛的日本人道：

"唉，有那么严重吗？车门又值不了多少钱，再去买一扇不就行了！又何必哭得如此伤心呢？"

知法守法的美国人道：

"我建议你到法院去，控告制造这汽车的厂商，请求赔偿。反正官司打输了，也不用你付钱啊！"

浪漫成性的法国人道：

"你能够将这车门给弄坏，像你这么强的臂力，我连羡慕都还来不及呢？你又有什么好哭的啊？"

实事求是的德国人道：

"不用担心，大家一起来研究看看，一定有什么东西可以将车门装好，我们一定可以找到方法的！"

"你们所说的这些，都不是我哭的真正原因。真正的问题是，我明天必须得花费几个小时才可以修好车，这样的话，我就不能带大家一起出去兜风了……"

几个外国朋友一听，都为他这种积极为别人着想的精神感动，从此他们的跨国友谊更深厚了。

每个人都有自己既定的习惯和立场而容易忘却他人的想法。

那么，换位思考到底是什么呢？其实就是"移情"，去"理解"别人的想法、感受，从对方的立场来看事情，以别人的心境来思考问题。

换位思考不但需要转换思维模式，还需要一点好奇心来探求他人的内心世界。

真正的换位思考必然是一个"移情"的过程，要从内心深处站到他人的立场上想问题，要像感受自己一样去感受他人。

人们常说，良好的沟通是心与心的沟通，其实"移情"换位又何尝不是心与心的交流、心与心的沟通呢？

生活中那些"善解人意"的人往往受到大家的喜爱和尊敬，原因就是他们能够做到"移情"换位，用别人的眼光来想问题、看世界，以别人的心境来体会生活，这样便拉近了人与人之间的距离。

人生妙悟：

学会将心比心、换位思考，学习以宽广的胸怀接纳不同的人、不同的事和不同的物，才能彼此理解和体谅。

必要时会说"不"

【 成为胜利者的一部分技巧是学会说"不"】

杰克刚参加工作不久，一向疼他的姑妈来到这个城市看他。杰克陪着姑妈把这个小城转了转，就到了吃饭的时间。

杰克身上只有 20 美元，这已是他所能拿出招待姑妈的全部资金，他很想找个小餐馆随便吃一点，可姑妈却偏偏相中了一家很体面的餐厅。杰克没办法，只得随她走了进去。

他们坐下来后，姑妈开始点菜，当她每点一份昂贵的菜，并征询杰克意见时，杰克虽然心里反对，嘴里却只是含混地说："随便，随便。"此时，他的心中七上八下，放在衣袋中的手紧紧抓着那仅有的 20 元钱。这钱显然是不够的，怎么办？

可是姑妈好像一点也没注意到杰克的不安，她不住口地夸赞着这儿可口的饭菜，杰克却什么味道都没吃出来。

最后的时刻终于来了，彬彬有礼的侍者拿来了账单，径直向杰克走来。杰克张开嘴，却什么也没说出来。

姑妈温和地笑了，她拿过账单，把钱给了侍者，然后盯着杰克说："孩子，我知道你的感觉，我一直在等你说'不'，可你为什么不说呢？要知道，有些时候一定要勇敢坚决地把这个字说出来，这是最好的选择。"

"不"这个字好写，音节也简单，但拿到人与人之间，却很不容易说出口。

生活中，有人向你借钱，或托你办事，或提出令你头痛的要求，而你不情愿去做，可能是因为它超出了自身能力。那该怎么办呢？

别忘了，我们有权利决定生活中该做什么事，而不应由别人来代做决定，更不能让别人来左右我们的意志，让自己成为傀儡。况且，他人并不见得比我们更了解情况，所以，他们提出的"理所当然"的事就很可能不是我们的

最佳抉择。我们的最佳抉择应该由自己经过深入分析、思考之后，所做的独立判断来取舍。

美国总统富兰克林·罗斯福在军界服务时，他的一位朋友想从他嘴里打听一项机密。罗斯福悄悄地向朋友问道："你能保守秘密吗？"那位朋友以为罗斯福要他保证不向别人说才肯将机密告诉他，于是便连声答应："当然，我一定保守秘密，不告诉任何人！"这时，罗斯福说："我也能！"朋友一愕，就不再多问了。

罗斯福的这一招可谓聪明。

对于某些要求，直接拒绝会损其颜面，我们可以装作"说者无心"，让"听者有意"，对方会知趣而退。

美国出版家赫斯托在旧金山办第一张报纸时，著名漫画大师纳斯特为该报创作了一幅漫画，内容是唤起公众来迫使电车公司在电车前面装上保险栏杠，防止意外伤人。然而，纳斯特的这幅漫画完全是失败之作。

当天晚上，赫斯托邀请纳斯特共进晚餐，先对这幅漫画大加赞赏，然后一边喝酒，一边不停地自言自语："唉，这里的电车已经伤了好多孩子，多可怜的孩子，这些电车，这些司机简直不像话……这些司机真像魔鬼，瞪着大眼睛，专门搜索着在街上玩的孩子，一见到孩子们就不顾一切地冲上去……"听到这里，纳斯特立即跳起来，大声喊道："我的上帝，赫斯托先生，这才是一幅出色的漫画！我原来寄给你的那幅漫画，请扔入废纸篓。"

怎样轻松地把"不"说出口呢？这里有几招以供大家借鉴：

1.用幽默的借口搪塞对方。

2.装作不懂，自诉难处。

3.用友好、客气表示"不"。

4.用幽默表示"不"。

5.用推脱、回避表示"不"。

6.加大允诺实现的难度，让对方领悟。

人生妙悟：

有时候，你要勇敢而巧妙、温暖而坚定地说出"不"，这是人生的一大智慧。

笑对误解

【 问心无愧的人，永无烦恼 】

日本有一位白隐禅师，品行高洁，享有盛名。

他居住的禅寺附近有户人家的女孩怀孕了，女孩的母亲大为愤怒，一定要她说出"肇事者"。女孩情急之下，就说："是白隐的。"

女孩的母亲跑到禅寺找到白隐，又哭又闹。白隐明白了怎么回事后，没做任何辩解，只是淡然地对女孩和她母亲道："是这样的吗？"

孩子生下后，女孩的母亲又当着寺院所有僧人的面送给白隐，要他抚养。白隐一言不发，在人们的嘲笑、责骂声中，平静地把婴儿接过来，小心地抱到自己内室，像对待自己的孩子一样悉心喂养。

几年以后，女孩受不住良心的折磨，向外界道出了事情的真相，并亲自到白隐的跟前赎罪。白隐面色平静，仍是淡然地说了句："是这样的吗？"就将孩子还给女孩。

一切都是那么平静，就像什么都没有发生过一样。

胡适先生在致杨杏佛的信中写道："我受了十余年的骂，从来不怨恨骂我的人。有时他们骂得不中肯，我反替他们着急。有时他们骂得太过火，反损骂者自己的人格，我更替他们不安。如果骂我而使骂者得益，便是我间接于他有恩了，我自然很情愿挨骂。"

人的一生谁都难免要遇上难堪的误解，你千万不要让对方一句不公正的批评或难听的辱骂，就变得像对方一样失去理智。要做到不和别人发生正面冲突，就连多余的解释也没有必要。

因为相互争吵辱骂，既不会给任何一方带来快乐，也不会给任何一方带来胜利，只会带来更大的烦恼，更大的怨恨，更大的伤害。

有人群的地方就有矛盾。你不碰他，他还碰你。有人独守自己的生存空间，也会无端地受到袭扰、误解。此时据理力争完全是正当的，但是这样一来，往往后果严重。这就需要容忍、平静、宽容，自觉扩大自己的精神空间，这也是对他人生存空间的尊重。

由于误会而引起的纷争既伤人脑筋又伤和气，有时甚至带来破财和杀身之祸。中国古代的先哲早有解决此类问题的高招，那就是忍和沉默。

笑对误解，忍一时委屈，并不损失什么，却维护了大家的和谐、宁静，并会为自己赢得一个更广阔的心灵空间。

人生妙悟：

为人不做亏心事，夜半敲门心不惊。你没有做错什么，问心无愧，就不必和别人多费口舌。笑对误解，乃排除心理困扰的妙药良方，打败对手的有效战术。

第三章

轻轻松松，做最好的自己

　　每一个人都是世上独一无二的。无论他人如何看你，你依然是无价之宝，永不贬值。

　　你有可爱之处、漂亮之处，所以，你要相信自己、热爱自己；

　　你有渺小之处、不美之处，所以，你要认识自己、提升自己。

　　但你只能做好自己，拥有自己，保留自己。有一天，属于你的生命之花将骄傲地绽放。

你认识自己吗

【 知人者智，自知者明 】

　　据说，在希腊帕尔纳索斯山南坡上的神殿门上面，写着这样一句话："认识你自己。"人们认为这句格言就是阿波罗神的神谕。哲学家苏格拉底喜欢引用这句格言教育别人。

　　《伊索寓言》中有一个故事：赫耳墨斯，古希腊神话中天神宙斯的儿子，是主管商业之神，他想了解一下自己在人间的地位到底有多高。有一无，他化装成一位顾客来到雕像店。他指着宙斯的头像问雕像者："这个值多少钱？""一个银圆。"他笑了，又指着赫拉的雕像问："这个多少钱？""两个银圆。"他走到自己的雕像前，心想，自己是商业的庇护神，地位一定比他们高，便问："这个值多少钱？"雕像者指着宙斯和赫拉的像说："假若你买那两个，这个算添头，白送。"赫耳墨斯只得悄悄溜走了。

纪伯伦在其作品里讲了一只狐狸觅食的故事。狐狸欣赏着自己在晨曦中的身影说："今天我要用一只骆驼做午餐！"整个上午，它奔波着，寻找骆驼。但当正午的太阳照在它的头顶时，它再次看了一眼自己的身影，于是说："一只老鼠也就够了。"狐狸之所以犯了两次截然不同的错误，与它选择"晨曦"和"正午的阳光"作为镜子有关。晨曦拉长了它的身影，使它错误地认为自己就是万兽之王，并且力大无穷、无所不能，而正午的阳光又让它对着自己已缩小了的身影忍不住妄自菲薄。

生活中，我们要正确估价自己的成绩和长处。一个人有所成就，能力是一方面，机遇也是很重要的，主观因素和客观机遇同时存在，才造就了目前的成绩。因此，绝不能单纯强调自己的主观努力，忘记别人与社会为你创造出的条件，一定要谦虚谨慎，老老实实做人、勤勤恳恳做事。

我们还要正确估价自己的缺失。一个人身上存在缺失乃至失误并不可怕，可怕的是对此视而不见。很多时候正是对这些小问题不注意，才酿成大错。

世界上没有两片完全相同的树叶，人也一样，每个人都是上帝的宠儿。正确认识自己，既看到自己的长处，也认识到自己的不足，给自己正确定位，这样才能自信地去迎接机遇和挑战，创造更多的成功和欢乐。

正确认识自己，才能使自己充满自信，才能使人生的航船不迷失方向。正确认识自己，才能正确确定人生的奋斗目标。只有有了正确的人生目标，并充满自信，为之奋斗终生，才能成就事业；即使不成功，也无怨无悔。

人生妙悟：

尼采曾经说过："聪明的人只要能认识自己，便什么也不会失去。"正确地认识自己，把握自己，你将在社会上无往而不利。

告诉自己：我是最好的

【 每个人都是独一无二的 】

三百多年前，建筑设计师克里斯托·莱伊恩受命设计了英国温泽市政府大厅，他运用工程力学的知识，依据自己多年的实践，巧妙地设计了只用一根柱子支撑的大厅。

一年后，市政府的权威人士在进行工程验收时，对此提出质疑，认为这太危险，并要求他再多加几根柱子。

莱伊恩非常苦恼，坚持自己的主张吧，他们会另找人修改设计，不坚持吧，又有违自己为人的准则。莱伊恩终于想出一条妙计，他在大厅里增加了四根柱子，但它们并未与天花板连接，只不过是装装样子，来瞒过那些自以为是的人。

三百多年过去了，这个秘密始终没有被发现。直到有一年市政府准备修缮天花板时，才发现莱伊恩当年的"弄虚作假"。

故事告诉我们：只要坚持自己能做到最好，他人的议论、责备就无法左右你。每个人都有独一无二之处，你必须看到自身的价值。

在一次演讲中，一位著名的演说家没讲一句开场白，手里却高举着一张20元的钞票。面对台下的二百多人，他问："谁要这20元？"一只只手举了起来。他接着说："我打算把20元送给你们中的一位，但在这之前，请准许我做一件事。"他说着将钞票揉成一团，然后问："谁还要。"仍有人举起手来。

他又说："那么，假如我这样做又会怎么样呢？"他把钞票扔到地上，又踏上一只脚，并且用脚踩它。然后他拾起钞票，钞票已变得又脏又皱。"现在谁还要？"还是有人举起手来。

"朋友们，你们已经上了一堂很有意义的课。无论我如何对待那张钞票，你们还是想要它，因为它并没有贬值，它依旧是20元。"

其实，我们每个人都是如此，无论命运如何捉弄，我们都有自己的价值。

遗传学家告诉我们：我们每一个人，都是从上亿个精子中跑得最快、最先抓住机遇和卵子结合而生的，是 46 对染色体相互结合的结果，23 个来自父亲，另 23 对来自母亲。每个染色体都有上百万个遗传基因，每个基因都能改变你的生命。因此，形成你现在的模样的概率是 30 兆分之一，也就是说，纵使你有 30 兆个兄弟姐妹，他们还是同你有相异之处，你仍旧是独一无二的。

美国诗人惠特曼在诗中说：

我，我要比我想象的更大、更美

在我的，在我的体内

我竟不知道包含这么多美丽

这么多动人之处……

人是万物的灵长，是宇宙的精华，我们每个人都具有使自己生命产生价值的本能。创造有价值生命的本能是人体内的创造机能，它能创造人间的奇迹，也能创造一个最好的"自我"，关键是看你如何启用它。

美国哲学家爱默生说："人的一生正如他一天中所设想的那样，你怎样想象，怎样期待，就有怎样的人生。"

人生妙悟：

你、我、他皆有动人之处，别在艳羡别人时，忘记自己的风景。

征服自己是最大的胜仗

【 战胜自己，才是真正的王者 】

一家电器公司有一位修理工叫汉斯，他工作相当认真，做事也很尽职尽责，不过他对人生很悲观，常以否定的态度去看这个世界。

有一天，公司的职员都赶着去给老板过生日，大家都走得十分匆忙，没有注意到汉斯竟被关在一个待修的冰柜里面。汉斯在冰柜车里拼命地敲打着、叫喊着，可是全公司的人都走远了，根本没有人听到。

汉斯的手掌敲得红肿，喉咙叫得沙哑，也没有人理睬，最后只得颓然地坐在里面喘息。他愈想愈可怕，心想：冰柜里的温度只有零下16℃，如果再这样下去，一定会被冻死。汉斯感觉气温在下降，愈来愈冷。汉斯明白，这样下去肯定会没命的，他只好用冻得僵硬的手写下一份遗书。

第二天早上，公司的职员陆续来上班，他们打开冰柜，赫然发现汉斯倒在里面。他们赶忙将汉斯送去急救，但他已没有生命迹象。医生诊断汉斯是被冻死的，但大家都很惊讶，因为冰柜里的冷冻开关并没有启动，这巨大的冰柜里也有足够的氧气，更令人纳闷的是，柜里的温度一直是16℃，但汉斯竟然给"冻"死了！

其实汉斯并非死于冰柜的温度，而是死于自己心中的冰点，他自己给自己判了死刑。

小刘是某图文公司的策划，他生性好拖延，在公司做了不到一个月，拖延、得过且过的坏习惯逐渐为老板发现，老板因此在公司例行会上批了他，他不以为然，振振有词地为自己落后的工作进度辩护。老板对他失望至极，终于让他走人了。小刘经此打击才意识到自己愈演愈炽的恶习，他下决心改掉拖延的老毛病。他凭流利的应聘口才又找到了一份工作，老板开始很看重他，他也时常以上次的教训诫戒自己。半月下来，他的工作像模像样，没有一次拖延误事，老板对他暗中的监督也松了许多，小刘已完全取得了老板的信任。他自以为成老板跟前的红人了，于是时不时又有工作指标拖延。老板开始察觉到他工作没刚来时积极、认真了，但由于对他第一印象好，所以想他一定最近有别的事分心，抑或工作压力大、任务棘手，就没责怪他。小刘以为老板不把他拖延工作当回事，于是愈发懒惰，终于怠慢到每个策划方案都要拖上一周甚至半月，给公司造成不小的损失。老板终于忍无可忍，把他开了。

人生在世，征服不了自己，人就会纵容自己，为所欲为。如果你不尽力克制，而放纵自己在堕落的生活圈里寻求满足，那么最终你会为自己带来灾难。

不能战胜自己，你就会放纵自己的情绪，听之任之，这不仅影响别人的情绪，也会改变别人对你的态度。尤其是嫉妒、拖延、自卑这些伤人的利剑，它们不但会影响你的人际关系，还会影响你的心情，使你终日生活在阴影里，没有前途可言。

我们在困境面前最需要的是先战胜自己，让自己心中的冰点消融。当需要勇气的时候，先要战胜自己的懦弱；需要洒脱的时候，先要战胜自己的执迷；需要勤奋的时候，先要战胜自己的懒惰；需要宽宏大量的时候，先要战胜自己的浅薄；需要廉洁的时候，先要战胜自己的贪欲；需要公正的时候，先要战胜自己的偏私。只有战胜自我，我们才能战胜人生。

人生妙悟：

先战胜自己，才能战胜别人，成为笑到最后的胜利者。

幸福是自己创造的

【 人生的戏剧，由你自己书写结局 】

在一个风雨交加的日子，有一个乞丐到富人家讨饭。

"滚开！"富人家的仆人说。

乞丐说："只要让我进去，在你们的火炉上烤干衣服就行了。"

仆人以为这不需要花费什么，就让他进去了。这个可怜人，请求厨娘给他一个小锅，以便他"煮石头汤喝"。

"石头汤？"厨娘说：

"我想看看你怎样用石头做成汤。"于是她就答应了。

乞丐于是到路上拣了块石头洗净后放在锅里煮。

乞丐尝了一口道："真好喝，不过放点盐就更好了。"厨娘便给他一些盐。就这样地，她又给了他豌豆、薄荷、香菜。最后，乞丐又把能收拾到的碎肉末都放在汤里。

后来，乞丐就把石头捞出来扔掉，然后美美地喝了一锅肉汤。

生活中，只要你用了心，加了智慧，你也能将平淡无奇的命运熬成一锅好汤。

汪野一郎 23 岁时，从外地来到东京，东京是个十分繁华的商业城市，什么都要钱。他看到有钱人用钱买水，很是奇怪："水还得用钱买吗？"

看到这种情景，和汪野一郎一块来到东京的人中很多人想：东京这个地方，连用点水都要花钱，生活费用实在太高，怕难以久居。于是他们离开了东京。

可汪野一郎并不这样想。他想："东京这个地方，居然连水都能赚钱。"看到这个商机，他大感兴奋，从此开始了他的创业生涯。后来，他成了日本的"水泥大王"。

同是一桶水，不同的人，看到的是两个截然不同的未来。

　　著名音乐家贝多芬从小听觉就有缺陷，中年时候耳朵全聋后还克服困难写出了优美的《第九交响曲》，他的名言"人啊，你当自助！"成为许多自强不息者的座右铭。

　　解放黑奴的美国总统林肯，不仅是私生子，而且面貌丑陋，言谈举止缺乏风度。为了补偿这些缺陷，他力求从教育方面来汲取力量，他拼命自修，以克服早期的知识贫乏和孤陋寡闻。他发奋读书，尽管眼眶越陷越深，但知识的营养却对自身的缺陷给予了全面补偿。最终，他摆脱了自卑，最终成为一代伟人。

　　一个人的真正价值取决于他能否从自我设置的陷阱里超越出来，而真正能够给我们幸福的，只有我们自己，即所谓"上帝只帮助那些能够自救的人"。

人生妙悟：

　　每一个人都有自己的金矿，它需要你去辛勤地挖掘。

自嘲是一种艺术

【 自嘲者令烦忧让步 】

自嘲，即自我嘲弄。它作为生活的一种艺术，不但能给人增添快乐，减少烦恼，免除尴尬，还能帮助人更清楚地认识真实的自我，战胜自卑的心态，应付周围众说纷纭所带来的压力，摆脱心中种种失落和不平衡，从而获得精神上的满足和成功。

林肯长相丑陋，可他常常诙谐地拿自己的长相开玩笑。在竞选总统时，他的对手攻击他两面三刀，搞阴谋诡计。林肯听了指着自己的脸说："让公众来评判吧，如果我还有另一张脸的话，我会用现在这一张吗？"还有一次，一个反对林肯的议员，走到跟他前挖苦地问："听说总统您是一位成功的自我设计者？""不错，先生。"林肯点点头说，"不过我不明白，一个成功的自我设计者，怎么会把自己设计成这副模样呢？"

英国作家杰斯塔东是个大胖子，行动起来，真是"路也走不动，山也不能爬"，但他不以矮和胖为耻。有次他对朋友自嘲说："我是个比别人亲切三倍的男人，每当我在公交车上让座给妇女时，我的一个座位足可以让三个妇女坐下。"

里根总统访问加拿大，在一座城市发表演说时，有一群举行反美示威的人不时打断他，表示出明显的反美情绪。作为加拿大总理，皮埃尔·特鲁多对这种无理的举动感到非常尴尬。面对这种困境，里根反而面带笑容地对他说：

"这种情况在美国是经常发生的，我想这些人一定是特意从美国来到贵国的，可能他们想使我有一种宾至如归的感觉。"

听到这话，尴尬的特鲁多禁不住笑了。

1932 年，鲁迅面对种种困境，写下了著名的《自嘲》：

运交华盖欲何求，未敢翻身已碰头。

破帽遮颜过闹市，漏船载酒泛中流。

横眉冷对千夫指，俯首甘为孺子牛。

躲进小楼成一统，管他冬夏与春秋。

这是革命的诗篇，他以自嘲表明了对各类敌人的藐视，表明了为革命事业战斗到底的决心。

一次，由爱因斯坦证婚的一对年轻夫妇带着他们的小儿子来看他。孩子刚看了爱因斯坦一眼就号啕大哭起来，弄得这对夫妇很尴尬。幽默的爱因斯坦却摸着孩子的头高兴地说："你是第一个肯当面说出对我的印象的人。"大家都乐了，气氛也活跃起来。

生活中，自嘲要审时度势、相机而用，不宜到处乱用。比如，对话答题、座谈讨论、调查访问等，就不宜使用自嘲。

自嘲不是玩世不恭。具有积极意义的自嘲，包含着自嘲者强烈的自尊、自爱。自嘲不过是他采取的一种貌似消极、实为积极的促使交谈向好的方向转化的手段而已。

自嘲有一些技巧：采用多种手法，把尴尬事件诙谐化，在笑声中化解攻击，摆脱不利的局面；将不满寓于自嘲之中，使不便直言的意思得以传达；适当贬低自己，以自嘲来缓解对方的尴尬。

人生妙悟：

自嘲是一种良好的人生态度，在交际中具有特殊的表达功能和使用价值。

变压力为动力

【 压力让你走得更稳、更远 】

某生物研究所曾经进行了一个很有意思的试验。试验人员用很多铁圈将一个小南瓜整个箍住，以观察当南瓜逐渐地长大时，对这个铁圈产生的压力有多大。他们估计南瓜最多能够承受大约 500 磅的压力。

第一个月，南瓜承受了 500 磅的压力；实验到第二个月时，这个南瓜承受了 1000 磅的压力；当它承受到 2000 磅的压力时，研究人员必须对铁圈加固，以免南瓜将铁圈撑开。

当这个新颖的研究结束时，整个南瓜承受超过 5000 磅的压力后瓜皮才产生破裂。

人们打开南瓜后，发现它已经无法再食用，因为它里面充满了坚韧牢固的层层纤维，试图想要突破包围它的铁圈。为了吸收充分的养分，以便于突破限制它成长的铁圈，它的根部甚至延展超过 2.4 万米，所有的根往不同的方向伸展，最后这个南瓜独自控制了整个花园的土壤与资源。

当命运给你施加压力时，你若坚持不懈，如同这南瓜一样，充分调动内在的潜能，承受起巨大的重负，那么你必将会成就非凡的人生。

一个农夫在高山之巅的鹰巢里，捉到一只幼鹰。他把幼鹰带回家，养在鸡笼里。这只幼鹰和鸡一起啄食、散步、嬉闹和休息，时间长了，它在鸡的眼里与自己的同伴几乎没有什么不同。

它的羽翼渐渐丰满，主人非常想把它训练成猎鹰，可是，由于终日和鸡厮混在一起，它已经变得和鸡完全一样，根本没有飞的愿望了。

主人试了各种办法，都毫无效果。

最后，农夫把鹰带到山崖顶上，一把把它扔了出去。鹰沿着悬崖急坠而下，恐惧让它努力地扑棱着翅膀。终于，一声长啸，鹰振翅腾起，在广阔的天空里任意翱翔。

给自己一处悬崖，你就有可能展翅高飞。

西汉名将韩信曾在井陉关背水一战，最后大获全胜，他奉行的就是"置之死地而后生"、变压力为动力的策略。只有置身险境，自身的潜力才能最大限度地迸发出来，助你达到理想的顶峰。

生命旅程中，有时候我们难免会陷入洼地里，背负种种重压，那就努力抖落它，挣脱束缚，向上向前！

人生妙悟：

其实我们每个人都像这只南瓜、这只鹰，面对压力时，会激发出巨大的潜力。因此，接受磨炼，变压力为动力，就是让自己的人生有所作为，就是给自己一片蔚蓝的天空。

第四章

学会选择，懂得放弃

生活中我们总围绕着两个词或哭或笑，或喜或悲——选择、放弃。

诗人说：选择了这条路，注定你将错失那条路的风景。

我们可以走成功的大道，也可以走平庸的小径；可以登上天堂的梯子，也可以迈下地狱的台阶。这，关键在于我们如何决定。

有时，放弃也是一种选择，失去也是一种美丽，松手也是一种获取。

擦亮心灵，擦亮眸子，选好你的方向吧。

适合自己的才是最好的

【 别人的鞋子再华丽，也并非能合你的脚 】

《伊索寓言》中有一则故事：有一天，乡下老鼠写了一封信给好朋友城市老鼠，信上说："老兄，有空请到我家来玩，在这里，可享受乡间的美景和新鲜的空气，过着悠闲的生活，不知意下如何？"

城市老鼠接到信后，高兴得不得了，立刻动身前往乡下。到那里后，乡下老鼠拿出很多大麦、小麦和黄豆，放在城市老鼠面前。城市老鼠不以为然地说："你怎么能够老是过这种清贫的生活呢？住在这里，除了不缺食物，什么也没有，多么乏味呀！还是到我家玩吧，我会好好招待你。"

乡下老鼠于是就跟着城市老鼠进了城。它看到豪华、干净的房子和各种美味，非常羡慕。想到自己在乡下从早到晚都在农田上奔跑，以大麦和小麦为食物，冬天还得到雪地里搜集粮食，和城市老鼠比起来，自己实在太惨了。

聊了一会儿，他们就爬到餐桌上开始享受美食。突然，"砰"的一声，门开了，有人走了进来。他们吓了一跳，飞也似的躲进墙角的洞里。

乡下老鼠吓得忘了饥饿，想了一会儿，对城市老鼠说："乡下的生活还是比较适合我。这里虽然有豪华的房子和美味的食物，但每天都紧张兮兮的，倒不如回乡下吃麦子来得快活。"说罢，乡下老鼠就离开都市回乡下去了。

乡下老鼠是明智的，世上并无最好，适合自己的才最好。只盯着他人的快乐，就不会看见自身的幸福。

庄子在濮水边垂钓，楚王派遣两位大臣前往致意："楚王愿将国政委托给你。"庄子一笑，头也不回地说："我听说楚国有个神龟，已经死去三千年了，楚王用竹箱装着它，用巾饰覆盖着它，珍藏在宗庙里。这只神龟，是宁愿死去为了留下骨骸而显示尊贵呢，还是宁愿活着在泥水里拖着尾巴呢？"两位大臣说："宁愿拖着尾巴活在泥水里。"庄子说："你们走吧！我愿做那个神龟。"

庄子是人生的智者，他的选择令那些为名利而牺牲身心自由的人汗颜。

爱因斯坦在1952年曾收到以色列政府的一封信，信中邀请他去当以色列总统。然而，他拒绝了。他说："我整个一生都在同客观物质打交道，因而既缺乏天生的才智，也缺乏经验来处理行政事务及公正地对待别人。所以，本人不适合如此高官重任。"他的拒绝让人震惊，却是最正确的答案。

人生要快乐一些，轻松一些，就必须选择自己的方向。只羡慕别人的人，会遗失原本属于自己的正确的路子。

人生妙悟：

记住，适合自己的生活，才是幸福的生活。

不要让机遇从门前溜走

【 机遇偏爱有准备的人 】

有三个朋友在一条大路上走着，前进的方向一样，迈步的速度也差不多，忽然，他们发现前方地上有一个闪光的东西，发出金灿灿的光。"金币！"三人头脑中同时蹦出这个想法。其中一个人眼神凝固在了金币上；另一人大喊一声："金币。"而第三个人一个箭步上前，俯身把金币捡到自己手里。

生活中如同金币的机遇不少，但是不能立即去抓住机遇，最终与没有发现机遇一样。

1981 年，英国王储查尔斯和黛安娜决定举行耗资 10 亿英镑的婚礼。消息传开后，各地的厂商老板认为这是发财的良机，纷纷开发、生产与婚礼有关联的新产品。于是，王子和王妃的照片成了最热门的外观设计素材，各种文化衫上印着新郎新娘甜蜜的笑脸，各种食品包装盒上也打上了王室婚礼盛典的标志。

终于，盛典开始了，从白金汉宫到圣保罗教堂，沿途挤满了近百万群众。当站在后排的人们正为无法看到盛典场景而焦虑不安时，突然从背后传来一阵令人惊喜的叫卖声："请用潜望镜观看盛典！"长长的街道两旁，一下子冒出数百辆载满"王子牌"、"王妃牌"潜望镜的销售小车。立刻，人们蜂拥而上，争先恐后地抢购特制的观礼潜望镜。

可见，别出心裁，能让人笑到最后。

美国有一个收藏家诺曼沃特，他看到众收藏家为收购名贵物品而不惜千金，就寻思：为什么不收藏一些劣画呢？于是，他开始收购劣画，有两个标准：一是名家的"失常之作"；二是价格低于 5 美元的无名人士的画。那些画家听说后，纷纷将自己的劣作卖给他或送给他。没多久，他便收藏了 200 多幅劣画。

之后，他在报纸上登出广告，声称要举办首届劣画大展，目的是让人在比较中学会鉴别，从而发现好画与名画的真正价值。

结果出乎人们的意料，这一画展举办得非常成功。人们争先恐后参观，有的甚至千里迢迢赶来观看，他的广告也成为人们经常谈话的主题。

美国百货业巨子约翰·甘布士说："不要放弃任何一个哪怕只有万分之一的可能的机会。"在追求事业的旅程中，有时稍一疏忽，就地观望，裹足不前，就有可能与机遇失之交臂。

机遇，来去匆匆，瞬息而过。不失时机地、准确地把握机遇，对我们至关重要。把握住机遇的关键是要思维敏捷、及时捕捉，莫让它轻易溜走，以致一失"机"成千古恨。

人生妙悟：

机会对每个人都是公平的，但它如闪电如火花，稍纵即逝。我们要时刻擦亮眸子，准备着牢牢抓住它。

舍车保帅，人生好棋

【 放弃小河，是为了抵达大海 】

有一只倒霉的狼，被猎人的铁夹子紧紧地夹住了。它稍一犹豫，就咬断了那只被夹的小腿，然后逃走了。放弃一条腿而保全一条生命，这是狼的智慧。

我们人类也应掌握这种智慧，当生活逼迫我们必须付出惨痛代价时，主动放弃局部利益而保全整体利益是最明智的选择。

舍小取大，舍车保帅是智者的选择。适时的放弃，是人生一大智慧。

1976 年，迈克·莱恩随英国探险队成功登上珠穆朗玛峰。而在下山的路上，他们却遇到了狂风大雪。更糟糕的是，风雪根本就没有停下来的迹象，这时，他们的食品已不多了。如果停下来扎营休息，他们很可能在没有下山之前就被饿死；如果继续前行，大部分路标早已被积雪覆盖，不仅要走许多弯路，而且每个队员身上所带的增氧设备及行李等物都压得他们喘不过气来，步履缓慢，这样下去他们不饿死也会因疲劳而倒下。

在大家陷入迷惘的时候，迈克·莱恩率先丢弃所有的随身装备，只留下不多的食品，提出轻装前行。

几乎所有队员都反对，他们认为现在到山下最快也要 10 天时间，这就意味着这 10 天里不仅不能扎营休息，还可能因缺氧而使体温下降导致冻坏身体。那样，他们的生命都会是极其危险的。

面对队友的顾忌，迈克·莱恩坚定地说："我们必须而且只能这样做，这样的雪山天气 10 天甚至半个月都有可能不会好转，再拖延下去路标也会被全部掩埋。丢掉重物，就不允许我们再有任何幻想和杂念，只要我们坚定信心，徒步而行就可以提高走的速度，也许这样我们还有生存的希望！"

结果，队友们采纳了他的建议，一路上互相鼓励，忍受疲劳、寒冷，不分昼夜，只用 8 天就到达安全地带。确实，恶劣的天气正如他们所预料的那样从未好转过。

后来，英国国家军事博物馆的工作人员找到迈克·莱恩，请求他赠送给博物馆任何一件与英国探险队当年登上珠穆朗玛峰有关的物品，不料收到的竟是莱恩因冻坏而被截下的 10 个脚趾和 5 个右手指尖。

由于他当年的放弃，才挽救了所有队友的生命；也由于这个选择，他的登山装备无一保存下来，而冻坏的指尖和脚趾却在医院截掉后留在了身边。这是博物馆收到的最奇特而又最珍贵的赠品。

有时候，学会放弃比学会获得更重要。人生的棋局千变万化，暂时损失一片领土，是为了最终的全面胜利。

人生妙悟：

放弃也是一种选择，一种艺术，一种谋略。正确的放弃，适时的放弃，才是成功的选择。

有一种智慧叫作放弃

【 学会放弃乃人生大睿智 】

据说，非洲土人抓狒狒有一绝招：故意让躲在远处的狒狒看见，将其爱吃的食物放进一个口小里大的洞中。等人走远，狒狒就欢蹦乱跳地来了，它将爪子伸进洞里，紧紧抓住食物，但由于洞口很小，它的爪子握成拳后就无法从洞中抽出来了。

这时人只管不慌不忙地来收获猎物，根本不用担心它会跑掉，因为狒狒舍不得那些可口的食物，越是惊慌和急躁，就越是将食物抓得紧，爪子就越无法从洞中抽出。 有时，不懂得放手，会造成种种悲剧。

一位处处不如意的青年向一个富翁请教成功之道，富翁拿出三块大小不一的西瓜放在青年面前问道："如果每块西瓜代表一定程度的利益，你选择哪块？"

"当然是最大的那块！"青年毫不犹豫地回答。

富翁一笑："那好，请吧！"富翁把那块最大的西瓜递给青年，而自己却吃起了最小的那块。

很快，富翁就吃完了，随后拿起桌上的最后一块西瓜得意地在青年面前晃了晃，大口吃起来。

青年立刻明白了富翁的意思：富翁吃的瓜虽无自己的瓜大，却比自己吃得多。

吃完西瓜，富翁对青年说："要想成功，就要学会放弃，只有放弃眼前利益，才能获取长远大利。"

放弃是一种睿智。也许你精力过人，心比天高，志向远大，但人生常常会出现"心有余而力不足"的情形。就如把眼前的一大堆食物塞进嘴里，塞得太满，不仅肠胃一时消化不了，连嘴巴都要撑破了！

所以，在众多的目标面前，我们必须依据现实，学会有所放弃，有所选择。

失业了，只要肯换一条路，放弃头脑中僵化的想法，就不至于整天萎靡不振、怨天尤人；失恋了，只要想着"错过你，还有她"，心胸开阔一些，就不至于心灰意冷、绝望沉沦；赌徒要肯放弃侥幸心理，就不至于血本无归、倾家荡产；手握权位者只要肯放弃一个"钱"字，就不至于身败名裂甚至搭上身家性命……

有位哲人说："与其花许多时间和精力去凿许多口浅井，不如花同样的时间和精力去凿一口深井。"

放弃其实是为了得到，放弃一些对你而言并非必需的"鸡肋"，是一种人生大智慧。

人生妙悟：

有时，放弃也是一种智慧，一种美丽，一种获取。恰到好处的放弃，正是为了更好地前行。

拣一枚真善美的钻石

【 心田生长着真善美，才不会被杂草占据 】

早年，尼泊尔的喜马拉雅山南麓很少有外国人涉足。后来，许多日本人到这里观光旅游，据说这是源于一位少年的诚信。

一天，几位日本摄影师请当地一位少年代买啤酒，这位少年为之跑了三个多小时。第二天，那个少年又自告奋勇地替他们买啤酒。这次摄影师们给了他很多钱，但直到第三天下午那个少年还没回来。于是，摄影师们议论纷纷，都认为那个少年把钱骗走了。第三天夜里，那个少年却敲开了摄影师的门。原来，他只买得 4 瓶啤酒，而后，他又翻了一座山，趟过一条河才买得另外 6 瓶，返回时摔坏了 3 瓶。他哭着拿着碎玻璃片，向摄影师交回零钱，在场的人无不动容。

这个故事，吸引着越来越多的游客来到这里。

一个乞丐来到一个庭院，向女主人乞讨。这个乞丐的右手连同整个手臂都断掉了，空空的袖子晃荡着，让人看了很难过，碰上谁谁都会慷慨施舍的，可是女主人却指着门前一堆砖对乞丐说："你帮我把这堆砖搬到后屋去吧。"

乞丐生气地说："我只有一只手，你还忍心叫我搬砖。不愿给就不给，何必捉弄人呢？"

女主人并不生气，俯身搬起砖来。她故意只用一只手搬了一趟说："你看，并不是非要两只手才能干活不可。我能干，你为什么不能干呢？"

乞丐怔住了，他用异样的目光看着妇人。终于他俯下身子，用他那唯一的一只手搬起砖来，一次只能搬两块。他整整搬了两个小时，才把砖搬完，累得气喘如牛，脸上有很多灰尘，几绺乱发被汗水濡湿了，歪贴在额头上。

妇人递给乞丐一条雪白的毛巾。乞丐接过去，很仔细地把脸和脖子擦一遍，白毛巾变成了黑毛巾。

妇人又递给乞丐20元钱，乞丐双手接过钱，很感激地说："谢谢你。"

妇人说："你不用谢我，这是你凭力气挣的工钱。"

乞丐说："我不会忘记你的，这条毛巾也留给我作纪念吧。"说完他深深地鞠一躬，就上路了。

后来，又有一个乞丐来到这里。那妇人把乞丐引到屋后，指着砖堆对他说：把砖搬到屋前就给你20元钱。这位双手健全的乞丐却鄙夷地走开了，不知是不屑那20元还是因为别的什么。

妇人的孩子不解地问母亲："妈妈，为什么上次你叫乞丐把砖从屋前搬到屋后，这次你又叫乞丐把砖从屋后搬到屋前。"

母亲对他说："砖放在屋前和放在屋后都一样，可搬不搬对乞丐来说可就不一样了。"

此后又来过几个乞丐，那堆砖也就在屋前屋后来回倒了几趟。

若干年后，一个很体面的人来到了这个庭院。他西装革履，气度不凡，自称是一家公司的经理，但他没有右臂。

经理告诉已年老的女人，当初是她的爱心成就了他的事业。他坚持要让妇人连同她的家人到城里去过好日子，那里有·栋为他们准备的新房子。

这世上，一颗真善美的心是无价的，它能够带来好运，创造奇迹。拥有它的人，就能赢取生命的快乐和世人的尊敬。

人生妙悟：

人生的旅途中，我们要擦亮眸子，拣取真善美的钻石，丢弃假恶丑的顽石。

忘记，也是一种美丽

【 该忘却时就忘却，人生会更幸福 】

有一次，阿拉伯作家阿里与朋友吉伯、马沙一同外出旅行。三人行经一处山谷时，马沙一不小心失足滑落，眼看就要掉下深谷，机敏的吉伯拼命拉住他的衣襟，将他救起。马沙在附近的大石头上用刀刻下一行大字：某年某月某日吉伯救了马沙一命。

三人继续旅行几日，来到一条河边。吉伯与马沙为了一件小事吵了起来，吉伯一气之下，打了马沙一耳光。马沙控制住自己，没有还手。他一口气跑到沙滩上，用力在沙滩上又写了几个大字：某年某月某日，吉伯打了马沙一耳光。

不寻常的旅行结束了。阿里不解地问马沙："你为什么要把别人救你的事刻在石头上，而把别人打你的事写在沙滩上？"

马沙很平静地回答："我将永远感激并记住吉伯救过我的命。至于他打我的事，我想让它随着沙子的流动逐渐把它忘得一干二净。"

生活中，我们常常抱怨自己太容易忘却，其实，过目成诵、博闻强识固然好，但忘却不见得绝对不好。

生活中有许多痛苦、烦琐、尴尬、恩怨，正是因为我们会忘却，这些对身心有害的成分才会逐渐地被冲淡，渐渐地使我们脱离了苦痛的折磨，这样我们才拥有了快乐和幸福。然而，要学会忘掉那些无用的甚至有害的东西却很难。

一个女孩子曾遭受凌辱，她终日以泪洗面。朋友劝慰说："每天念念不忘，便如同每天又被侮辱一次。为何不忘掉它呢？"女孩子渐渐醒悟了，最终告别了阴影，开始了新的生活。

背负着过去的痛苦，夹杂着现实的烦恼，这对于人的心灵而言无任何益处，反会造成厌倦和悲观的生活情绪。

与其那样，超脱地忘掉不也是一种幸福吗？不也是一种明智的选择吗？这不是让人去逃避，而是让人拿起忘却这把刀子，割掉人生的赘疣，在忘却中进步，去努力进取。

忘记，并非忘记那些有价值的，而是要忘记曾经伤心的、灰暗的日子，不要让怨、恼、仇、恨终日绕在心间。做一个心胸宽广的人，生命将更美更充满活力。

忘记悲伤，我们便多了一分快乐；忘记仇恨，我们便多了一个朋友；忘记灰暗的日子，我们的生活将充满阳光。

人生妙悟：

往事像落日映照的海面，我拣闪光的珍藏心间。懂得忘记的人，是勇敢、豁达的人，将拥有真正的解脱和快乐。

第五章

挑战逆境，笑对命运

感谢风雨，它的背后闪着彩虹；感谢黑夜，它的背后藏着黎明；感谢坎坷，它的背后隐藏着美景。

逆境是上天的恩赐，是成功的磨刀石。

歌德说：当人们越靠近目标的时候，困难也会越来越多。

勇者总是微笑着，张开双臂迎接命运，无论它的面庞是美是丑，是晴是阴。

只有经过磨难的洗礼，生命之歌才更加慷慨激昂。

点一盏信念之灯

【 信念是奇迹的萌发点 】

15 世纪时，哥伦布从海地岛海域向西班牙胜利返航。船队刚离开海地岛不久，天气就骤然变得恶劣起来。天空布满乌云，远方电闪雷鸣，巨大的风暴从远方的海上向船队扑来。这是哥伦布航海史上遭遇的最大一次风暴，有几艘船已经被风浪打翻了，船长悲壮地告诉哥伦布说："我们将永远不能踏上陆地了!"哥伦布叹了口气对船长说:"我们可以消失,但我们的资料却一定要留给人类。"哥伦布在疯狂颠簸的船舱里,飞快地把最为珍贵的资料写在几页纸上,卷好,塞进一个玻璃瓶里并密封后,将玻璃瓶抛进了茫茫大海。

"相信有一天,这些资料一定会漂到西班牙的海滩上!"哥伦布自信而肯定地说。"绝不可能!"船长说,"它可能置身鱼腹,也可能被海浪击碎,或许被深埋海底。"哥伦布坚定地说:"或许一两年,也许几个世纪,但它一定会漂到西班牙去,这是我的信念。上帝可以辜负生命,却绝不会辜负生命坚持的信念。"幸运的是,大部分船只在这次空前的海上风暴里死里逃生。回到西班牙后,哥伦布和船长都不停地派人在海滩上寻找那个漂流瓶,但直到哥伦布离开这个世界时,漂流瓶也没有找到。

1856 年,也就是哥伦布遭遇那场海上风暴三个多世纪后,大海终于把那个漂流瓶冲到了西班牙的比斯开湾。

从中可见,信念是人生奇迹的萌发点,有了它,一切都有可能。

信念,是所有成功人士心中屹立不倒的旗帜,有了它,一切奇迹都会出现。信念在人的精神世界里是挑大梁的支柱,没有它,一个人的精神大厦就极有可能坍塌下来。

信念是力量的源泉,是胜利的基石。

人生妙悟:

每个人都可以拥有信念,引领自己创造奇迹。

著名的黑人领袖马丁·路德·金说:"这个世界上,没有人能够使你倒下。如果你自己的信念还站立的话。"

挣脱心灵的锁链

【 勿让心中的链条锁你一生 】

马戏团里，在大象还小的时候，驯兽师就用一根细小的铁链来系住小象。那时候的小象力气还不够大，小象起初也想挣开铁链的束缚，可是试过几次之后，知道自己的力气不足以挣开铁链，也就放弃了挣脱的念头。等小象长成大象后，它就甘心受那条铁链的限制，而不再想逃脱了。

一天，马戏团里突然失火了，大火烧到草料、帐篷等物，燃烧得十分迅速，很快蔓延到了动物的休息区。

动物们受迅猛的火势所逼，一个个变得焦躁不安，而大象更是频频跺脚，焦急地转圈。

炙热的火势终于逼近大象，只见一只大象已被火烧着，灼痛之余，猛然一抬脚，竟轻易将脚上铁链挣断，迅速奔逃至安全的地带。

其他的大象，有一两只象见同伴挣断铁链逃脱，立刻也模仿它的动作，用力挣断铁链跑出去了。但剩余的大象却不肯去尝试，只顾不断地转圈跺脚，终致遭大火席卷，无一幸存。

在我们成长的生活中，是否也有许多肉眼看不见的链条在系着我们，而我们也就自然将这些铁条当成习惯，视为理所当然？

面对自己爱慕的人，我们常常想："她肯定不会喜欢我这样的，以后再说吧。"面对一次工作上的好机会，我们常对自己说："恐怕我做不好吧，这太难了。"曾跌倒了一次、两次，我们会想："第三次还是这样吧。算了，不试也罢。"有了一个好创意，自己就立即将其扼杀了。

许多时候，打败我们的不是外界的困难，而是我们心中的锁链。

其实，没有人能够完全不怯懦和不畏惧，最幸运的人有时也不免有懦弱胆小、畏缩不前的心理状态。

　　但如果胆小畏缩成为一种习惯，它就会成为人情绪上的一种弊病，它使人过于谨慎，小心翼翼、多虑、犹豫不决；使人在心中还没有确定目标之时，已含有恐惧的意味，稍有挫折就退缩不前，以致不能充分发挥自己的才能。被心灵的锁链束缚容易使人产生悲观失望的情绪，导致自我评价和自信心的下降，终影响自我设计目标的完成。

　　生活在现代社会，我们必须跨越心中的种种障碍，摒弃害怕受伤、畏惧挫折的心理，摆正心态，以一颗健康有力的心尝试生活，做到这些，我们的明天才会有更好的开始。

人生妙悟：

　　有时，路走不通时，改变一下惯常的方向，绕过自己设定的围栏，你将会感受"柳暗花明又一村"。请挣脱束缚你心灵的缰绳，让生命的能量更充分地释放吧。

劣势有时能成为优势

【 坦然面对劣势，用心改变命运 】

有一个少年，在一次车祸中失去了右臂，但是他很想学柔道。

后来，少年拜一位柔道大师做了师傅，开始学习柔道。他学得不错，可是练了三个月，师傅只教了他一招，少年有点弄不懂了。

一天，他忍不住问师傅："我是不是应该再学学其他招数？"

师傅回答说："不错，你的确只会一招，但你只需要会这一招就够了。"

少年并不是很明白，但他很相信师傅，于是就继续照着练了下去。

几个月后，师傅第一次带少年去参加比赛。少年自己都没有想到居然轻轻松松地赢了前两轮。第三轮稍稍有点艰难，但对手还是很快就变得有些急躁，连连进攻，少年敏捷地施展出自己的那一招，又赢了。就这样，少年迷迷糊糊地进入了决赛。

决赛的对手比少年高大、强壮许多，也似乎更有经验。有一度少年显得有点招架不住，裁判担心少年会受伤，就叫了暂停，还打算就此终止比赛，然而师傅坚持说："继续比赛！"

比赛重新开始后，对手放松了戒备，少年立刻使出他的那招，制服了对手，由此赢了比赛，得了冠军。

回家的路上，少年和师傅一起回顾每场比赛的每一个细节，少年鼓起勇气道出了心里的疑问："师傅，我怎么就凭一招就赢得了冠军？"

师傅笑着说："有两个原因：第一，你几乎完全掌握了柔道中最难的一招；第二，就我所知，对付这一招唯一的办法是对手抓住你的右臂。"

有时候，我们会处于劣势之中，但一味地怨天尤人并不能改变什么。只有敢于挑战，敢于用心，"不利"才可能转化成"有利"。

佛罗里达州有一个农夫，当他买下一片农场的时候，他非常沮丧。那块地坏得使他既不能种水果，也不能养猪，能生长的只有白杨树及响尾蛇。然而，他想到了一个好主意——利用那些响尾蛇。他的做法使每一个人都很吃惊，因为他开始做响尾蛇肉罐头。而且，每年来参观他的响尾蛇农场的游客差不多有2000人，他的生意越做越大。

由他养的响尾蛇体内所取出的蛇毒，运送到各大药厂去做防蛇毒的血清；响尾蛇皮以很高的价钱卖出去做女士的鞋子和皮包；装着响尾蛇肉的罐头送到全世界各地的顾客手里。这个村子现在已改名为佛罗里达州响尾蛇村。

天生我材必有用。要勇于直面不完美的境地，要相信自己总有能做得很好的事情。

聪明的人能够实事求是地看自己，能从自身条件不足和所处不利环境的局限中解脱出来，去做自己能做的事。

把人生最弱的部分转化成强项，对任何人都很重要。

人生妙悟：

坦然面对人生的缺陷，敢于挑战自我，并根据自身的具体情况确立自己的目标，就有可能避开自身缺陷，甚至可能将劣势转化成优势。

四个字：坚持到底

【 幸运只属于坚持到底的人 】

丘吉尔下台后，有一回应邀在牛津大学的毕业典礼致辞。那天他坐在首席上，打扮一如平常，还是一顶高帽，手持雪茄。

经过一长串的介绍辞之后，丘吉尔走上讲台，注视观众，沉默片刻，他开口说："永远，永远，永远不要放弃！"接着又是长长的沉默，他又一次强调："永远，永远，永远不要放弃！"他又注视观众片刻，然后回座。

无疑，这是历史上最短的一次演讲，也是丘吉尔最脍炙人口的一次演讲。

多年以前，美国曾有一家报纸刊登了一则园艺所重金征求纯白金盏花的启事，在当地一时引起轰动，高额的奖金让许多人趋之若鹜。但在千姿百态的自然界中，金盏花除了金色的就是棕色的，还没有人能够有幸见过白色的金盏花，这根本不是一件易事。所以许多人一阵热血沸腾之后，就把那则启事抛到九霄云外去了。

一晃就是二十年。一天，那家园艺所意外地收到了一封热情洋溢的应征信和一粒纯白金盏花的种子。当天，这件事就不胫而走，引起轩然大波。

寄种子的原来是一个年近古稀的老人。老人是一个地地道道的爱花人，当她二十年前偶然看到那则启事后，便怦然心动。她不顾八个儿女的一致反对，义无反顾地干了下去。她撒下了一些最普通的种子，精心侍弄。一年之后，金盏花开了，她从那些金色的、棕色的花中挑选了一朵颜色最淡的，任其自然枯萎，以取得最好的种子。次年，她又把它种下去，然后，再从这些花中挑选出颜色最淡的花的种子栽种……日复一日，年复一年。终于，在二十年后的一天，她在那片花园中看到一朵金盏花，它不是近乎白色，也并非类似白色，而是如银如雪的白。于是，一个连专家都解决不了的问题，在这位不懂遗传学的老人长期的坚持下，最终迎刃而解。这不是奇迹吗？

俗话说：滚石不生苔。坚持不懈的乌龟能快过灵巧敏捷的野兔。如果能每天学习1小时，并坚持12年，所学到的东西，一定远比坐在教室里接受4年高等教育所学到的多。正如布尔沃所说："恒心与忍耐力是征服者的灵魂，它是人类反抗命运、个人反抗世界、灵魂反抗物质的最有力支持。从社会的角度看，考虑到它对种族问题和社会制度的影响，其重要性无论怎样强调也不为过。"

不轻言放弃，再难的事也能成功。没有恒心，遇到困难就中途放弃，则会一事无成，再容易的事也会成为困难的事。

天下事最难的不过十分之一，能做成的有十分之九。要想成就大事业的人，一定要有恒心去实践它，要以坚忍不拔的毅力、百折不挠的精神、坚贞不屈的气质，作为涵养恒心的要素。

一个人之所以成功，不是上天赐给的，而是日积月累自我塑造得来的，千万不能存有侥幸的心理。幸运、成功永远只会属于辛劳的人，有恒心不轻言放弃的人，能坚持到底的人。

人生妙悟：

"冰冻三尺，非一日之寒。"从这个自然现象中就能体现出恒心来。一日曝之，十日寒之；一日而作，十日所辍，成功的概率则几乎等于零。

理智的心潭无风

【 征服自己的心，就能征服一切 】

1965 年 9 月 7 日，世界台球冠军争夺赛在纽约举行。路易斯·福克斯的得分一路遥遥领先，只要再得几分便可稳拿冠军了。

就在这时，他发现一只苍蝇落在主球上了，他挥手将苍蝇赶走了。可是，当他俯身将击球的时候，那只苍蝇又飞回到主球上，他在观众的笑声中再一次起身驱赶苍蝇。这只讨厌的苍蝇破坏了他的情绪。

更为糟糕的是，苍蝇好像是有意跟他作对，他一回到球台，它就又飞回到主球上来，引得周围的观众哈哈大笑。

路易斯·福克斯终于失去了理智，愤怒地用球杆去击打苍蝇。球杆碰到了主球，裁判判他击球，他因此失去了一轮机会。路易斯·福克斯方寸大乱，连连失手。而他的对手约翰·迪瑞则愈战状态愈佳，终于赶上并超过了他，最后拿走了桂冠。

第二天早上，人们在一条河里发现了路易斯·福克斯的尸体，他投河自杀了！

福克斯乱了心智，导致了悲剧的发生。

许多伟大的人物面对不如意的逆境，都能驾驭好自己的"心之马"而保持理智。

一天，陆军部长斯坦顿来到林肯那里，很生气地说一位少将用侮辱性的话指责了他。林肯建议他写一封内容尖刻的信回敬那家伙。

"可以狠狠骂他一顿。"林肯说。

斯坦顿立刻写了一封措辞强烈的信，林肯看后说："斯坦顿，真写绝了，要的就是这个！"

当斯坦顿把信叠好装进信封里准备要走时，林肯却叫住他，问道："你要干什么？"

"寄出去啊！"斯坦顿说。

"不要胡闹，"林肯说，"这封信不能发，快把它扔到炉子里去。凡是生气时写的信，我都是这么处理的。这封信写得好，写到最后你已经解气了，现在感觉好多了吧，那么就请你把他烧掉，再写第二封信吧。"

"牢骚太盛防肠断，风物长宜放眼量。"我们在生气、愤怒、绝望时，要尽量保持冷静。因为不理智造成的后果，往往再多的弥补也无济于事。宁可事前小心，而不要事后悔恨。

人生妙悟：

　　丘吉尔说："极少数人有理智，多数人有眼睛。"面对困境，理智于己于人都将有百利而无一害。任何时候，智者都不会轻率开口或行动。

失败，另一种收获

【 失败是成功的黎明 】

美国亚特兰大有一个业余药剂师潘伯顿，他想研制一种令人兴奋的药，他用桉树叶作为材料，做了很多努力，药效却不怎么样。

一天，一位患头痛的病人前来医治。潘伯顿让店员取他配制的药给那患者，可是，店员在给药时，不是冲入了清水，而是失误将苏打水冲进了药瓶。病人饮后，才发觉配方错了，所有人都大惊失色。

但奇怪的是，病人的头痛症减轻了，而且没有发生不良反应。

过了几天，潘伯顿突然受到了启发，他把脑药和苏打水做了冲兑，进行试验，发现这些液体芳香可口，益气提神。结果，在他的改良下，可口可乐从药品变成了饮料，风靡全世界。

"我们浪费了太多的精力和时间，"一位助手对爱迪生说，"我们已经试了 2 万次，仍然没找到可以做白炽灯丝的物质！"

"不！我们已知有 2 万种不能当白炽灯丝的东西。"

这种精神使得爱迪生终于找到了钨丝，发明了电灯，改变了人类历史。

"失败乃成功之母"，没有失败，没有挫折，就无法成就伟大的事。

聪明的人会从失败中学到教训。失败者则是一再失败，却不能从其中获得任何经验。

"我在这儿已做了 30 年，"一位随从抱怨他没有升级，"我比你提拔的许多人都多了 20 年的经验。"

"不对，"将军说，"你只有一年的经验，你从自己的错误中，没学到任何教训，你仍在犯你第一年刚做时的错误。"

错误和失败是迈向成功的阶梯，任何成功都包含着失败，每一次失败都是通向成功不可跨越的台阶。

有志气有作为的人，并不是因为他们掌握了什么走向成功的秘诀，而恰恰在于他们在失败面前不唉声叹气，不悲观失望。

成功与失败并没有绝对不可跨越的界限，成功是失败的尽头，失败是成功的黎明。失败的次数愈多，成功的机会亦愈近。成功往往是最后一分钟来访的客人。

失败是生活中的一个组成部分，是有所进取、求变创新和参与竞争的过程中的一个正常的组成部分。只要你进取，就必然会有失误；只要你还活着，就绝不是彻底失败！

人生妙悟：

真理在燧石的敲打下闪闪发光，失败就是锤炼人意志的燧石。有一句话很有意思："最大的失败，就是永不失败。"直面失败，那么你就有了成功的希望。

空想之树结不出硕果

【 千里之行，始于足下 】

有个穷困潦倒的男人每隔两三天就到教堂祈祷。

第一次，他跪在圣坛前，虔诚地低语："上帝啊，请念在我多年来敬畏您的份上，让我中一次彩票吧！"

几天后，他又垂头丧气地回到教堂，同样跪着祈祷："上帝啊，为何不让我中彩票？我愿意更谦卑地来服侍您，求您让我中一次彩票吧！"

又过了几天，他再次出现在教堂，重复着同样的祈祷。

到了最后一次，他跪着说："我的上帝，您为什么不垂听我的祈求呢？让我中彩票吧！只要一次，让我解决所有困难，我愿终身奉献，专心侍奉您。"

就在这时，圣坛上空发出了一阵宏伟庄严的声音："我一直在垂听你的祷告。可是——最起码，老兄——你也该先去买一张彩票吧！"

故事中的男人，令人可笑又可叹。

改变命运，不是靠一万个美丽的祈祷、空想，而是你迈出的真实的一步。

有两个穷苦的小孩到海边去干活，累了，两人就躺在沙滩上睡着了。

其中一个小孩做了个梦，梦见对面岛上住了个大富翁，在富翁的花园里有一整片的茶花，在一株白茶花的根下，埋着一坛黄金。

这个小孩就把梦告诉另一个小孩，说完后，不禁叹息着：

"真可惜，这只是个梦！"

另一个小孩对那个做梦的小孩说："你可以把这个梦卖给我吗？"

他买了梦以后，就往那座岛进发，千辛万苦才到达岛上。果然发现岛上住着一位富翁，于是他就自告奋勇地做了富翁的佣人。

他发现，花园里真的有许多茶树，茶花一年一年开，他也一年一年地把长着茶树的土一遍遍地翻掘。

就这样，茶树愈长愈好，富翁也就对他愈来愈好。

终于有一天，他真的在白茶花的根底挖出了一坛黄金！

买梦的人回到了家乡，成了富有的人；卖梦的人，仍在不停地做梦，终生也只是个穷人。

生活中，失败者总会愤愤不平地说"人家如何如何凭运气"，"赶上了好光景、好地方"。他们不采取行动，总是等待着"有一天"他们会走运，他们把成功看作降临在"幸运儿"头上的偶然事情。失败者认为成功者的命运一帆风顺，而自己的命运则倒霉透顶。所以，既然幸运女神不肯照顾，他们除怨天尤人外，还能做什么呢？

成功的最大敌人，是凡事等待明天。

许多著名成功人士认为，人生伟业的建立不在于能知，而在于能行。于绝境中全力以赴，你会发现目光所及之处仍有无穷天地。

英国著名的首相本杰明·迪斯累利曾说，虽然行动不一定能带来幸福，但不采取行动绝无幸福可言。

没有行动，取得成果是不可能的。梦想、主意是好东西，但关键是必须付诸实施。活着的状态本身便包含了行动。

人生妙悟：

临渊羡鱼，不如退而结网。世界无限广阔，你也许有一双幻想的翅膀，但别无视踏在大地上的双脚。

不以成败论英雄

【 成也英雄，败也英雄 】

雨果曾说："失败反而把失败者变得更崇高了，倒了的拿破仑仿佛比立着的拿破仑更为高大。"

1815 年，滑铁卢大战后，拿破仑被再次流放。这次他被远远地流放到大西洋一个孤岛——圣赫勒拿岛上，5 年后在岛上孤独地死去。

但是，在今天的滑铁卢，他的铜像却屹然耸立。这位高傲的矮子皇帝，身着戎装，神态潇洒，俨然一副得意的胜利者姿态。

可以说，在欧洲人的心中，拿破仑虽有其残暴可恶的一面，但仍不失为伟大的政治家、优秀的军事统帅、真正的英雄。在滑铁卢，拿破仑虽然是个彻底的失败者，可是他的影响却远远地压倒了他的对手，他的名字永远被人们牢记。

荆轲，带一把匕首，深入暴秦之朝廷，大事终不成；

项羽，四面楚歌，落得个霸王别姬，自刎乌江；

诸葛亮，鞠躬尽瘁，却"出师未捷身先死，长使英雄泪满襟"；

还有屈原，陈胜，王安石，岳飞，文天祥，李自成，洪秀全……从某方面来说，他们都是失败者，但没有理由说，他们不算是英雄。

奥运会场上，竞争是异常激烈的，每一个运动员都希望当冠军，而冠军只有一个，成败也就成了每个运动员必须去面对的残酷现实。

有的人经过自己的努力，成了冠军，人们献上无尽的鲜花与掌声；有的人虽然也尽力了，却只能屈居亚军或者季军，甚至与奖牌无缘，人们也同样为他们鼓掌。

人生有太多的仗要打，每个人都有付出，但并非所有的付出都会得到预期的收获。也许梦想落空，也许一败涂地，但有时我们的价值不在于最终结果，而是在于奋斗的过程。追求之中有失败的痛苦，也有成功的欢欣，只要我们咬牙坚持，我们必定有所收获。

所有的艰苦历程将是人生一笔巨大的精神财富，一份宝贵的人生经历。所以，我们绝不能以成败论英雄，不论成功失败，只要他为理想曾经拼搏过，曾经努力过，就足够了。

放眼历史，并不是所有的英雄都能够一帆风顺，有的甚至要经过几百年历史的验证和淘洗。所以说，人生没有常胜将军，并不是所有的赢家都有资格做英雄。成也英雄，败也英雄。

人生妙悟：

"世事我与抗争，成败不必在我。"不求尽如人愿，但求无愧我心。英雄真正的意义在于体现了一种精神价值——对功利的超越，甚至是对自我的超越。

第六章

轻松行走每一天

　　你的世界是否越走越狭窄，你的担子是否越挑越沉重，你的心灵是否越来越晦暗？

　　生活是复杂的，也是简单的。真正享受生活的人，任何多余的包袱他都不会背。你若是和自己过不去，生活也会跟你较劲；你要是及时放下负担，笑对人生，那么生活自然还你阳光。

　　告别牛角尖，告别灰色天空，让脚步轻快惬意，让心灵开阔辽远。

心有多大，舞台就有多大

【 在自己的梦想中坚定行走 】

　　在辽北一个偏僻的山村，有一对农民夫妇及其子女，组成了一个"文学家庭"，在劳作之余，全家五口发表了大量诗作。其中一首《种太阳》经著名作曲家徐沛东之手，经著名节目主持人鞠萍之口，已传诵全国。诗里写道："我有一个美丽的愿望／长大以后去播种太阳／仅种一颗就够了／会结出许多的太阳／一颗送给南极／一颗送给北冰洋／一颗挂在冬天／一颗挂在晚上／到那个时候／世界的每一个角落都会温暖、明亮。"他们还用牙缝里抠出来的钱出版了诗集。面对物欲横流的世界，他们没有丢弃自己的诗集，没有丢弃自己的梦想。在他们看来，钱如果是黄金，那么诗就是太阳，没有太阳，黄金也就失去了价值。

有一天，一位大学生向校长提出了改进大学教育制度弊端的若干建议。他的意见没被接受，于是他决定自己办一所大学，自己当校长来消除这些弊端。

办学校至少需要100万美元。上哪儿去找这么多钱呢？等毕业后去挣，那太遥远了，于是，他每天都在苦思冥想如何能有100万美元。同学们都认为他疯了，梦想天上掉馅饼。但年轻人不以为然，他坚信自己可以筹到这笔钱。

终于，他想到了一个办法。他打电话到报社说，他准备明天举行一个演讲会，题目叫《如果我有100万美元》。第二天的演讲吸引了许多商界人士。面对台下诸多成功人士，他在台上声情并茂地说出了自己的构想。

演讲结束后，一个叫菲利梯·亚默的商人站了起来，说："小伙子，你讲得非常好，我决定投资100万，就照你说的办。"就这样，年轻人用这笔钱办了亚默理工学院，也就是现在著名的伊利诺理工学院的前身。而他就是后来备受人们爱戴的哲学家、教育家冈索勒斯。

有句广告词说："心有多大，舞台就有多大。"梦想，时刻在前方挥手，引领我们行走。生命之中，我们要相信自己，丰富自己的梦想，即使是能振奋起让你对未来有希望的一点点梦想。

有梦想是一回事，能否去实现它又是另一回事。正如海伦·凯勒虽想开车，但她得先经历高速公路上的一切惊险刺激。失明使她丧失许多机会，但她还是有属于自己的伟大理想，她曾在1890年写下这样的句子："假如世上一切事物都是快乐美好的，我们将永远无法学会勇敢与忍耐。"

人生妙悟：

法国哲学家巴斯卡说："心灵具备某种连理智都无法解释的道理。"不要去听信阻碍你发挥潜力的声音，让你的心灵做主宰，去听听那些会让你编织出伟大梦想的声音，然后大胆地跟随梦想前进。

放下多余的包袱

【 生命不可太负重 】

一个痛苦的青年，背着一个大包裹千里迢迢跑来找无际大师。他说："大师，我觉得孤独、痛苦和寂寞。长期的跋涉使我疲倦到极点，我的鞋子破了，荆棘割破双脚，手也受伤了，流血不止，嗓子因为长久的呼喊而沙哑……为什么我还不能找到心中的阳光？"

大师问："你的大包裹里装的什么？"青年说："它对我可重要了。里面是我每一次跌倒时的痛苦，每一次受伤后的哭泣，每一次孤寂时的烦恼……靠了它，我才能走到您这儿来。"于是，无际大师带青年来到河边，他们坐船过了河。上岸后，大师说："你扛了船赶路吧！""什么，扛了船赶路？"青年很惊讶，"它那么沉，我扛得动吗？""是的，孩子，你扛不动它。"大师微微一笑，说："过河时，船是有用的。但过了河，我们就要放下船赶路。否则，它会变成我们的包袱。痛苦、孤独、寂寞、灾难、眼泪，这些对人生都是有用的，它能使生命得到升华，但若须臾不忘，就成了人生的包袱。放下它吧！孩子，生命不能太负重。"

青年放下包袱，继续赶路，他发觉自己的步子变得轻松愉悦，比以前快多了。

生活中，我们时常觉得压力大、烦恼多、不愉快，这正表明在我们的精神生活中背负着许多不必要的担子，使人对工作、生活倍觉辛劳无趣。

当然，人生有许多推不开的负担，但是，在这些负担之中，有许多是不必要的。由于太贪多、太求全或太急切，反而使自己顾此失彼。

许多人除了忙自己分内该忙的事情外，还要忙些不该忙的。如忙着应酬；忙着为了增加物质享用或虚荣而去赚钱；忙着奔走钻营去求地位。

及时放下多余的负担和包袱，生活将变得简单而舒适。作家柯云路曾在书中这样写。

生活中很多不必要的负担，都应交到应该交付的地方：

将钱交给银行。

将怕忘的事交给记事本。

将方方面面的工作交给各个负责的部下。

将无法预测的未来交给命运。

将今天没解决的问题交给明天。

将烦恼交给自生自灭的情绪规律。

将没必要背的包袱交给大地。

将孩子的成长一定程度上交给孩子自己。

将多余的牵挂交给过眼云烟。

将难以忍受的内心折磨交给知心朋友。

将恋人有关忠贞的允诺交给他（她）本人保管。

将自己的作为交给别人任意评价。

将与己无关的万事交给上帝。

将对未来的忧虑交给未来。

将旅途劳顿交给淋浴。

将身心疲惫交给随心所欲的休闲。

将失去所爱的痛苦交给自然而然的淡化与遗忘。

将明天的收获交给今天的耕耘和风雨旱涝。

将自己赤条条剥光了交给自然。

……

朋友，相信上述减压格言多少能触动你的心灵。

人生妙悟：

时时清理心中的尘土，减轻肩上的重担，我们可以生活得更有活力，更有朝气。

打开"得过且过"的枷锁

【 即使撞钟，也要撞得庄严、响亮 】

古希腊，同村两个人，一次为了打赌看谁走得离家最远，于是同时不同道地骑着马出发了。

一个人走了几天之后，心想："我还是停下来吧，因为我已经走了很远了，他肯定没有我走得远。再说，以后有的是机会。"于是，他停了下来，回到家，重新开始他的农耕生活。

而另外一个人走了七年，仍没回来，人们都以为这个傻瓜为了一场没有必要的打赌而把性命给丢了。

有一天，一群浩浩荡荡的大军向村里开来，村里的人不知发生了什么大事。当队伍临近时，突然有一个人惊喜地叫道："那不是克尔威逊吗？"消失了七年的克尔威逊已经成了军中统帅。

他下马后，向村里人致意，然后说："鲁尔呢？我要感谢他，因为那个打赌让我有了今天。"这时，鲁尔从人群中站了出来，羞愧地说："祝贺你，好伙伴。我至今还是农夫！"

既然生命不息，那我们就应该打破"得过且过"的束缚，不可以做一天和尚撞一天钟，而要不断超越自我。

在日常生活中，我们有这样的感觉，好像每天都在做同样的事情。今天是昨天的重复，明天又是今天的翻版，既单调又平凡。

若每天只是这样翻来覆去地延续，人生就毫无希望、毫无意义了。倘若希望实现繁荣、和平与幸福，生活就不会是单调的反复。今天应该比昨天进一步，明天则比今天进一步，也就是每天要有新的发展。

一个一直失意的人，特地跑去向一个有名的算命师请教。

算命师左算右算，最后告诉他："你 40 岁以前一定是既落魄又贫穷，生活很不如意，对不对？"

　　这个人听了大为惊讶："大师，你可真厉害！我一直都不顺利，命运很坎坷，再过几天我就 40 岁了，那 40 岁以后呢？"

　　"40 岁以后？40 岁以后你依然贫穷。"

　　此人疑惑地问算命师："为什么？"

　　"因为你已经习惯了。"算命师说。

　　习惯于现状的人，永远也不会欣赏到更美更新的风景。

　　一杯新鲜的水，如果放着不用，不久就会变臭。同样，一个经营得很好的商店，店主如果不时刻作更好更新的改进，他的经营也必定会逐渐地衰退。

　　一个积极的成功者的特征，就是他能随时随地追求进步。他深惧退步，害怕堕落，因此总是自强不息地力求改进。一件事做到某一个阶段，绝不可停止下来，而应该继续努力，以达到更高的高度。

人生妙悟：

　　一个人在事业上自以为满足而不再追求进步时，便是他的事业由盛转衰的开始。

放慢我们的脚步

【 步履太匆忙，会错失许多风景 】

大哲学家苏格拉底和拉克苏曾经相约，要到很远的地方去游览一座享誉天下的名山。

据说，那里风景如画，人们到了那里，会产生一种飘飘欲仙的感觉。

许多年以后，两人相遇了。他们都发现那座山太遥远了，就是走一辈子，也不可能到达那个令人神往的地方。

拉克苏颓丧地说："我用尽精力奔跑过来，结果什么都不能看到，真太叫人伤心了。"

苏格拉底掸了掸长袍上的灰尘说："这一路有许许多多美妙的风景，难道你都没有注意到？"

拉克苏一脸的尴尬神色："我只顾朝着遥远的目标奔跑，哪有心思欣赏沿途的风景啊！"

"那就太遗憾了。"苏格拉底说，"当我们追求一个遥远的目标时，切莫忘记，旅途处处有美景！"

人生之路上，当你匆匆往某处赶时，你是否也错过了途中美丽的风景？你多久没有陪父母了？你多久没有跟恋人逛公园、看电影了？你多久没有品一杯茶、唱一首歌、读一回书了？

也许，日出日落，蝶飞蜂舞，梨花春雨，花谢花开，许多风景我们都忘记停下脚步去观赏了。

我们生活在一个忙碌紧张的世界里。身边，小孩忙着上课、考试、参加辅导班，青年忙着升职、加薪，中年人忙着养家、充电……不安因素环绕在我们身边，城市中各种机器音响造成一片紧张，我们的脸上或言谈中随处都显现出一种紧张。紧张已经完全深入我们的生活和工作中。

有些人很幸运，可以完全不让压力上身，也不让压力击倒他们，他们总是能以从容的心态生活着。

清代学者石成金的《惺斋快乐》里，有一个"静怡之乐"：

不必高堂大厦，虽茅檐斗室，若能凝神静坐，即是极大快乐。试看名缰利锁，惊风骇浪，不知历多少苦楚。我今安然静怡性情，此乐不小。唯有喜动不喜静之人，虽有好居，好闲好，才一坐下，即想事务奔忙，乃是生来辛苦之人，未知静怡滋味，又何必强与之言耶。

虽然石氏的快乐为一家之言，不免带有个人偏好与时代色彩，但对于今天我们这些匆匆来去，对身旁美景妙处熟视无睹的凡夫俗子来说，宛如一杯清芬的香茗，醉人心魄。

人生妙悟：

把脚步放慢一些吧，给自己一点品味生命的时间。多听多看，旅途上风景无限。

后退一步，海阔天空

【 退一步是为了进三步 】

意大利艺术家米开朗琪罗雕刻的大卫举世闻名。但是，在当初米开朗琪罗刚雕好大卫像的时候，主管这件事的官员跑去看，竟然觉得不满意。米开朗琪罗问："有什么地方不对吗？"

"鼻子太大了！"那位官员说。

"是吗？"米开朗琪罗站在雕像前面看了看，好像也赞同他的观点，大叫一声："可不是吗！鼻子大了一点，没关系，我马上改，等一会儿绝对让您满意。"说着就拿起工具爬上架子，叮叮当当地修饰起来。

顺着凿刀，掉下好多大理石粉，那官员不得不躲开。隔一会儿，米开朗琪罗就修好了雕像，他请那官员到架子上去检查："您看，现在可以了吧！"那个官员爬上架子看了看，高兴地说："是啊，好极了！这样才对啊！"

送走官员，他的朋友问他："我觉得你雕刻得很好啊，为什么他说不好，你就马上修改？"

米开朗琪罗笑着说："我刚才只是偷偷抓了一小块大理石和一把石粉，到上面做做样子，其实我根本没有改动原来的雕刻。而他之所以觉得雕像有问题，就是因为刚开始他是在高高的架子下仰视。"

恰当的退让，于己于人都便利。

《菜根谭》中说："路径窄处，留一步与人行；滋味浓时，减三分让人尝。此是涉世一极安乐法。"它告诫人们在道路狭窄之处，应该停下来让别人先行一步；有好吃的东西不要独食，要拿一部分与人分享。

有这样一则寓言：从前，有一条大河，河水波浪翻滚。河上有一座独桥，桥很窄，仅用一根圆木搭成。有一天，两只小山羊分别从河两岸走上桥，到了桥中间两只山羊相遇了。但因桥面太窄，谁也无法通过，而这两只山羊谁也不肯退让。结果,两只山羊在桥上用角顶撞起来。双方互不示弱,拼死相抵,最终双双跌落桥下,被河水吞没了。

凡事要用理智来指导行动,该让的要毫不犹豫地谦让。这样为人处世,表面上看是退是让,是与世无争,实则是进是保,是与世大争,大争者若无争。

其实,在人生狭窄的路口处,不妨让别人先行,自己退让一步。表面看来是吃了亏,但实际上,如果彼此都不相让,势必会两败俱伤,倒不如稍作退让,免去麻烦。

这种做法明为退,实为进,是一种很圆熟的做法。一条道路本就狭窄,若是自己退一步让人先走,那么就相当于有了两步的余地,可以轻松走路。

人生妙悟:

人情反复,世路崎岖。行去不远,须知退一步之法;行去远,务加让三分之功。其实,退一步,是为了更好地前进。

提防内心的蛀虫

【 再美的花园，不去修整，它也会荒芜 】

一个孩子从树林里采了许多香菇，晒干后，他想装进一个大袋子。

爷爷说："不要装进一个大袋子里。多分几个小包，封紧了！"

孩子很迷惑，但他还是按爷爷的吩咐装了香菇。

过了一段时间，孩子拿出一包香菇做饭，放了野味的饭菜更加可口。

第一包很快吃完了，孩子又拿出第二包，但第二包香菇却长出了虫，不能再吃了。孩子赶忙向爷爷报告，爷爷说："这一包坏了，还有其他几包，你去打开看看，它们是否也生了虫。"孩子连忙打开了其他几包，一看，笑了："它们都还是好的。"

爷爷说："你看，这就是我要你分包装的原因。如果把它们装在一起，我们现在连一点也不能吃了。为了防止外面的虫蛀，你用口袋将香菇扎紧了，却不知道香菇内部也是可以生虫的。"

其实，我们也应该常清理自己的心虫，以免让它啃噬心灵。

中国南北朝有一个叫江淹的人，他极有才气，会写诗文也会作画。后来，他官至光禄大夫，安于名利权位，不思进取，文章大不如从前，诗词也没有了佳句。"江郎才尽"这个成语便由此而来。

法捷耶夫29岁时就登上了苏联文坛，并以《青年近卫军》一书坐上苏联作协主席的交椅。然而，自此以后，他再没有写出一篇小说，因为他总是忙着出访、开会、做报告。

杰克·伦敦写出《马丁·伊登》后，名利双收，不仅在美国加利福尼亚州建了别墅，而且在大西洋海滨购置了豪华游艇。然而拥有这一切之后，厌倦、空虚、落寞和无聊也接踵而至，最后他被这些给弄疯了，1916年在自己的大别墅里开枪自杀。

孟子说：生于忧患，死于安乐。人在安逸的环境中最容易堕落蜕变，心灵滋生懒惰、萎靡、不思进取的蛀虫，这些蛀虫一天天啃噬人的心灵，最终毁掉一个人。所以，人在安乐中一定要保持头脑的清醒。

在这个世界上，充满许多诱惑——金钱的魔力，地位的荣耀，名誉的光环，等等，它们之中的任何一种只要在人的身上滋生蔓延开来，都足以使人生命的火焰减弱或熄灭。但只要我们有理智和良知，有爱和向往，有意志和判断力，它们就会如养料一样滋养、激励着我们。

人生妙悟：

一座花园无论多么美丽，如果不经常拔草和修剪，它会很快地荒芜。我们要时时清理内心的蛀虫，以免让它损害心灵。

满怀着爱拥抱今天

【 把握今日，等于拥有两倍的明日 】

有一个小和尚，他每天早上都要清扫寺庙院子里的落叶。

清早起床实在辛苦，尤其在秋冬之际，更让小和尚头痛不已。他每天都在想办法，而且还讨教庙里的师兄弟：怎样才能让自己轻松些。

后来，住持知道了这件事，就找他谈话。小和尚很老实，就一五一十对住持说了。住持一笑："你在明天打扫之前先用力摇树，把树叶统统摇下来，后天就可以不用扫落叶了。"

小和尚一听，心想：还是住持的办法好啊。

于是隔天他起了个大早，连脸都顾不得洗，直接奔到后院，使劲地猛摇树，一直摇到他认为差不多了为止。这样他就可以把今天跟明天的落叶一次扫干净了。随后，他打扫了一遍，回去吃饭了。这一天，他十分开心。

第二天，小和尚到院子一看，傻眼了。院子里依旧满地落叶。

住持走了过来，对小和尚说："孩子，你要明白：无论怎么用力，明天的落叶还是会飘下来。"

其实，世上有很多事是无法提前的，唯有认真地活在今天，活在当下，才是最明智最有效的人生态度。

古人慨叹道：明日复明日，明日何其多？我生待明日，万事成蹉跎。

有这样一则寓言故事：

渐渐地，下地狱的人锐减了，阎罗王便紧急召集群鬼，商讨如何诱人下地狱。

群鬼各抒己见。

牛头提议说："我告诉人类，'丢弃良心吧！根本就没有天堂！'"阎王考虑了一会儿，摇摇头。

马面提议说："我告诉人类，'为所欲为吧！根本就没有地狱！'"阎王想了想，还是摇摇头。

过了一会儿，旁边一个小鬼说："我去对人类说，'还有明天！'"阎王终于点了点头。

富兰克林有一句名言："把握今日等于拥有两倍的明日。"歌德说："把握住现在的瞬间，把你想要完成的事物或理想，从现在开始做起。只有勇敢的人生才会富有天才、能力和魅力。因此，珍惜今天，好好做事，在做的过程当中，你的心态就会越来越成熟。如果有一个好的开始，那么，不久之后你的工作就可以顺利完成了。"

今天该做的事拖延到明天，不能充分利用每一个今天的人，往往做不成大事，也不可能有成功。所以我们应该经常抱着"必须把今日该做的做完，一点也不可懒惰"的想法去努力。

人生妙悟：

今日事应该今日毕，否则我们离成功之路会越来越遥远。

下 篇

快乐生活
KUAILE SHENGHUO

第七章

享受工作，快乐人生

人生在世，工作与事业无法逃避，它是我们行走一世的目标，是点燃激情和动力的火焰。

工作着是美丽的。只有热爱你的工作，全身心投入进去，才能取得成就。当站在人生成功的巅峰上，笑看曾经的风雨雷电时，我们的内心将是何等的豪壮，何等的喜悦啊！

朋友，来吧，让我们尽情享受轻松的工作，尽情品味多彩的人生！

点燃工作的激情

【 激情是通往成功的高效能源 】

生活中，常常有人抱怨工作真累、真辛苦、真无聊、真没劲，但假如上天允许你不必工作，不必忙碌，你是否会更加充实、更加快乐呢？

如果缺少热情，贝多芬不会创做出震撼人心的音乐，普希金不会写出汪洋澎湃的诗行，达·芬奇也不会耗尽一生去描画打动世人心灵的杰作……

小王是一家汽车修理厂的修理工，从进厂的第一天起，他就开始喋喋不休地抱怨："修理这活太脏了，瞧把我身上弄的！""真累呀，我简直要讨厌死这份工作了！""凭我的本事，做修理这活太丢人了！"

每天，小王都是在抱怨和不满中度过的。他认为自己在受煎熬，在像奴隶一样做苦力。因此，小王每时每刻都窥视着领导的眼神、举动，稍有空隙，他便偷懒耍滑，应付手中的工作。几年过去了，与小王一同进厂的三个工友，各自凭着自己的手艺，或另谋高就，或被公司送进大学进修了，唯有小王，仍旧在抱怨声中做他一开始就蔑视的修理工。

将工作视为不幸、苦难的人，他永远也享受不到成功的甜蜜。

卡通大王沃特·迪士尼，凭借近乎疯狂的做事热情，创做出了许多深入人心的形象，如米老鼠、三只小猪等，获得了巨大成功。

他在1918年以前还是个无名小卒，现在却是全美最有名的人物之一。

迪士尼小时候就希望自己能成为一名画家。一天，他到坎萨斯城明星报社找事做，让总编辑看他的自画像。总编辑一看他的画就认为他毫无画画的天赋，他只好垂头丧气地回家了。

后来，他好不容易才找到事做，那是在教会中绘图，薪金很低。因为一直借不到办公室，他便使用父亲汽车厂的工作室。那时的辛苦可想而知，但也正是在充满汽油味的车厂做事，才引发了日后价值百万美元的构想。

后来，他根据一只曾经陪他度过孤独的老鼠创做出了人人喜爱的米老鼠的形象。

卡通影片的制作必须有许多原画，都要一张一张地画，台词的创作、画面的完成，这些事全部要靠大批的助手帮忙。

迪士尼本人则全心投入电影的构思之中，只要有一点构想，就与剧本部的助手们共同商议。有一天，他提出了一个构想，想将儿童时期母亲所念过的童话故事，改编成彩色电影，那就是三只小猪与野狼的故事。

大家都表示怀疑。

终于，因为他无与伦比的工作热情，并且不断地提出，大家才答应试一试，但是对这件事却不抱任何的希望。

米老鼠制片时费时90天，如果《三只小猪》也花90天就太浪费了，因此，迪士尼决定用60天就完成它。所有的人员都没有料到，该片竟受到人们的热烈喜爱。

这实在是空前的大成功。它的主题曲立刻风靡全国——大野狼呀，谁怕他，谁怕他？

该片在电影院总共上映了七次之多。在卡通影片的历史上，这是史无前例的壮举。

热情，使工作更美丽。

我们可以在每天早上对自己说："我爱我的工作，我将要把我的能力完全发挥出来。我很高兴这样活着—我今天将要百分之百地活着。"

爱默生说："我最需要的，是有个人让我做我能做的事。"

我们没有办法控制自己的工作环境，但是我们可以尝试培养自己的热情，以激励自己更有创造力地思考和生活。

人生妙悟：

　　工作是一剂良药，能医治一切困扰人的疾苦。热情，便是最重要的一份配方。

带着乐趣工作

【 当工作成为一种乐趣时，生活就成为一种享受 】

烈日下，一位穿着朴素的老妇人流着汗，叫卖她的梨子。一位慈善家动了同情之心，走过去对她说："梨子好卖吗？""难呵。一上午才卖出去几斤。"慈善家掏出一叠钱："我全要了。"老妇人盯着他看了一会儿："这话很有意思。全给了你，我下午卖什么呢？"

老妇人从她的工作中，抓住了别人容易忽略了的乐趣，无疑，她是幸福的。

19世纪英国历史学家兼哲学家克雷尔曾说过这样一句话："在工作本身上找到乐趣的人有福呵，因为他不必再求其他福祉了。"

假使我们能把工作趣味化、艺术化、兴趣化，就可以把工作轻松愉快地做好。菲力有句话说："必须天天对工作产生新兴趣。"他所指的就是工作要趣味化、兴趣化。人生并不长，因此最好尽量选择适合你兴趣的工作。工作合乎你的兴趣，你就不会觉得辛苦。

罗素曾宣称："我的人生正是：使事业成为喜悦，使喜悦成为事业。"

有一篇小说《工作着是美丽的》，单是这名字，就能给我们某种启示。

这个世界上，绝大多数成功者从事的都是自己喜欢的工作。因为只有这样他们才能全身心地投入到工作中去，才能取得成绩和造诣，才能获得成功的喜悦。

人生妙悟：

带着乐趣工作，你绝不会一无所获。无论你的收获是不是值许多钱，但你会过得很快乐，而这份快乐是没有人能够夺去的。

全力以赴赢得成功

【 天下绝没有不热烈勇敢地追求成功就能取得成功的人 】

在日本东京，一个女孩第一天报到。她应聘的单位是东京帝国大酒店。大学毕业，又是涉世之初，她对未来充满了新奇幻想。东京帝国大酒店是她步入社会的第一步，她下决心一定要好好干，让自己迈出走向辉煌的第一步。

然而，令她意想不到的是：上司竟安排她去洗刷厕所！

当她试着用白皙细嫩的手拿抹布伸向马桶时，胃里立即条件反射，"造起反"来，一时间翻江倒海，想吐却又吐不出来，简直是太难受了。更令人难以忍受的是，上司要求她必须将马桶洗刷得光洁如新！就在她诅咒埋怨时，在酒店工作多年的一位老前辈出现在她面前，只见他弯下腰去一遍又一遍地抹洗着马桶，直到马桶的每个缝隙和光面都光洁如新，然后，他拿过一只杯子，从马桶里盛了一杯水，很自然地"咕咚——咕咚"地喝下去了！

这一举动，不用一言一语就告诉了她一个极为朴素的道理：只有马桶的水达到可以喝的纯净程度，才算真正达到了光洁如新。而这一点，刚才已经证明了，是完全可以做得到的。她看得目瞪口呆，同时她也恍然大悟："就算一辈子永远洗刷厕所，也要做一名洗刷得最出色的人。"风风雨雨几十年后，她已从一名洗厕工成长为日本政府的一位主要官员——邮政大臣。

她就是野田圣子！

无论我们从事何种职业，只要坚持不懈、全力以赴，走好前进的每一步，就能用汗水之油、热情之火，引燃成功的火炬！

人生妙悟：

人生的一切都需要全力以赴。让我们记住哈代的名言吧：成功可以说要靠三件事才能赢得：努力，努力，再努力。

发挥特长，挖掘潜力

【 你就是一座金矿 】

一位百货公司的老板问一个新售货员："你今天服务了多少客户？"

"一个。"售货员回答。

"只有一个？"老板说，"你的营业额是多少呢？"

售货员回答："50000 美元！"

老板大吃一惊，让他解释一下。

"首先我卖给他一个鱼钩，然后卖给他鱼竿和鱼线。接着我问他在哪儿钓鱼，他说在海滨，于是我建议他应该有只小汽艇，于是他买了一条 20 英尺长的快艇。当他说他的轿车可能无法带走快艇时，我又带他到机动车部买一辆小卡车……"

老板惊讶地说："你卖了这么多东西给一位只想买一个鱼钩的顾客？"

售货员回答："不，他只是为治他妻子的头痛来买一瓶阿司匹林的。我告诉他，夫人的头痛，除了服药外，似乎更应该注意放松。周末快到了，你可以考虑去钓鱼！"

这个近乎夸张的故事告诉我们：

售货员是成功的，他将自己的能耐发挥得淋漓尽致。

歌德一开始未能发现自己的长处，树立了当画家的错误志向，害得他浪费了十多年的光阴，为此他曾悔恨不已。

阿西莫夫一直渴望成为一名科学家，却屡遭坎坷。有一天，他打字时，突然意识到："我不能成为一个第一流的科学家，却能够成为一个第一流的科普作家啊。"于是，他勤奋创作，终于成为当代世界最著名的科普作家。

很多失败者抱怨自己命不好，事事勤奋却总是与成功失之交臂，其实，失败的原因主要在于他没有找到自己的定位。上帝对每个人都是公平的，一个人在这方面不合适，只表明他的特长不在此，他一定在另一方面能展现出他的价值，挖掘出其潜力来。天生我才必有用。一个人在遭受不断的挫折与非难后，莫要自暴自弃，要坚信自己的实力，早日在人生路上找到属于自己的坐标，那时，他一定会取得成功。

你能做什么？这是你对自己最好的质问。如果一个人位置不当，用他的短处而不是长处来工作的话，他就会在永久的卑微和失意中沉沦。反之，如果选择长处来工作的话，则会发挥无限潜能，最终达到成功。

每个人都有自己的宝藏。你要尽力找到自己最佳的位置，释放出最强的能量。

人生妙悟：

规则、习惯会束缚我们的手脚和身心，去用心挖掘、去大力开发，你终会探寻到自己的宝藏。

竞争让你更优秀

【 人生如棋，只要入局，就会是一场激烈斗争 】

一位动物学家在考察生活于非洲奥兰治河两岸的动物时，注意到河东西两岸的羚羊大不一样，前者繁殖能力比后者更强，而且速度每分钟比后者要快 13 米。他迷惑不解，既然环境和食物都相同，何以差别如此之大？后来，他和当地动物保护协会进行了一项实验：在两岸分别捉了 10 只羚羊到对岸生活。结果送到西岸的羚羊发展到 14 只，而送到东岸的羚羊只剩下了 3 只，另外 7 只被狼吃掉了。原来，东岸的羚羊之所以身体强健，只因为它们附近居住着一个狼群，这使羚羊天天处在一个"竞争氛围"中。为了生存，它们变得越来越有"战斗力"。而西岸的羚羊长得弱不禁风，恰恰就是因为缺少天敌。

在生活中同样如此。人才济济、竞争较激烈的地方，你才会不断完善自己、提高自己。反之，你将安于现状，故步自封，那你的人生就会缺少许多精彩。

正当的竞争是促进人才成长和事业发展的重要因素。人才竞争是社会竞争的核心，是人才辈出的强大驱动力。竞争使人们转变价值观念，将人才推到风口浪尖展示才华。竞争中产生的危机感和压力，能在奋斗者身上转化为进取的动力。竞争也是使人们培养创新意识，激发创造力的熔炉，是推动人们不断拼搏的长鞭。古代的孟子曾说：内无法家弼士，外无敌国外患者，国恒亡。我们要时时懂得竞争，学会竞争，在竞争中锤炼自己。

在崇尚竞争的知识经济社会，不论你是否愿意，你都实际上处于激烈的竞争之中。如缺乏竞争意识，或不愿投入竞争，就会被无情的竞争大潮所吞没。

人生妙悟：

我们的勇气、灵性、智慧、创造力，在体内深深地蕴藏着，它需要引爆力。竞争、角逐产生的激励能量就是导致智慧裂变的引爆力。

细节决定成败

【 成功在每一个细节之中 】

很多时候，一个人的成败就决定于某个被忽略的细节，许多看上去是芝麻大的小事，却影响着你的整个人生和命运。

某城市同一个地区，有两个报童在卖同一份报纸，二人暗暗竞争。

第一个报童很勤奋，每天沿街叫卖，嗓门也响亮，可每天卖出的报纸并不是很多，而且还有减少的趋势。第二个报童除去沿街叫卖外，他还每天坚持去一些固定场合，给大家分发报纸，过一会儿再来收钱。地方越跑越熟，报纸卖出去的也就越来越多，当然也有些损耗，但很小。渐渐的，第二个报童的报纸卖得越多，第一个报童能卖出去的越少了，不得不另谋生路。

为何会如此呢？第二个报童的做法中大有深意：

第一，在一个固定地区，同一份报纸，读者客户是有限的。买了我的，就不会买他的，我先把报纸发出去，这些拿到报纸的人肯定不会再去买别人的报纸。等于我先占领了市场，我发得越多，他的市场就越小。这对竞争对手的利润和信心都构成打击。

第二，不像别的消费品有复杂的决策过程，报纸这东西随机性购买多，一般不会因质量问题而退货。而且钱数不多，大家也不会不给钱，今天没零钱，明天也会一起给。

第三，即使有些人看了报，退报不给钱，也没关系，一则总会积压些报纸，二则他已经看了报，肯定不会去买别人的报纸，还是自己的潜在客户。

其实，小到个人，大到国家，无论生活、工作、未来发展，许多关键就包含在每一个小事、细节之中。

我们都熟知英国国王理查三世因战马少了一个铁钉而失了一个国家的故事，从中便可见细节的力量了。

1950 年，朝鲜战争刚刚爆发时，美国就着手研究中国政府的态度问题。兰德公司集中了大量资金和人力研究，得出结论：中国将出兵朝鲜。研究成果附有 380 页的资料，详细分析了中国的国情，并且断定：一旦中国出兵朝鲜，美国将输掉这场战争。兰德公司将研究报告作价 500 万美元（相当于当时一架最先进的战斗机价格）卖给美国对华政策研究室，官员们却一致认为兰德公司是敲诈，他们的结论纯属无稽之谈。

后来，从朝鲜战场回来的麦克阿瑟将军感慨地说："我们最大的失误是舍得几百亿美元和数十万美国军人的生命，却吝啬一架战斗机的代价。"事后，美国政府花了 200 万美元，买回了那份过时的报告。可见，小看细节的人有时会付出巨大的代价。生活中许多机会就隐藏于细节之中，不容你忽视。

刘强很难忘记他的那次求职经历：

当和另外一名对手闯最后一关时，我对最终取胜充满信心。奇怪的是，负责聘试的公司总经理并未提问，而是带领我和对手去另一家公司签单。距要去的公司只有一站路，总经理建议乘公共汽车去，并递给每人一张 5 角钱的纸币，嘱咐每人买自己的票。

票价 4 角钱，因缺少零币，公共汽车乘务员已养成收取 5 角钱的习惯，我也没有索要应找回的 1 角钱，总觉得为 1 角钱开口，太丢面子。没想到，我的对手却向乘务员索要找零。乘务员轻蔑的眼神扫在我的对手身上像刀割一般，一会才递出 1 角钱。一旁的我幸灾乐祸地想，对手的"财迷"表现或许将让他落败。到站，下车，总经理拍着对手的肩："你被聘用了——只有懂得坚持维护自己权益的人，才能够维护公司的利益。"

一个细节的疏忽可能导致你的失败。同样，细节也孕育着成功。在工作和生活中，细节无处不在，只有认识它、注意它的人，才能给自己带来成功的机会。

人生妙悟：

细节决定成败。谁能把握住细节，谁就能悄悄成功，于无声处响惊雷，在细节中见真知。从细节中往往可以找到成功人生的突破口！

合作打造天堂

【 三个臭皮匠，顶个诸葛亮 】

去过寺庙的人都知道，一进庙门，首先是弥勒佛，笑脸迎客，在他的北面，则是黑口黑脸的韦陀。

相传在很久以前，他们并不在同一个庙里，而是分别掌管不同的庙。弥勒佛热情快乐，所以来的人非常多，但他什么都不在乎，丢三落四，没有好好地管理账务，所以依然入不敷出。而韦陀虽然管账是一把好手，但成天阴着个脸，太过严肃，搞得人越来越少，最后香火断绝。佛祖在查香火的时候发现了这个问题，就将他们俩放在同一个庙里，由弥勒佛负责公关，笑迎八方客，于是香火大旺。而韦陀铁面无私，锱铢必较，则让他负责财务，严格把关。在两人的分工合作中，庙里一派欣欣向荣景象。

可见，有效的合作，省时省力，能高效地完成复杂的工作，取得持久性的成功。

美国加利福尼亚大学曾做过这样一个实验：把六只猴子分别关在三间空房子里，每间两只，房子里分别放着一定数量的食物，但放的位置高度不一样。第一间房子的食物就放在地上，第二间房子的食物分别从易到难悬挂在不同高度的适当位置上，第三间房子的食物悬挂在房顶。

数日后，他们发现第一间房子的猴子一死一伤，伤的缺了耳朵断了腿，奄奄一息。第三间房子的猴子也死了。只有第二间房子的猴子活得好好的。

第一间房子的两只猴子一进房间就看到了地上的食物，于是，为了争夺唾手可得的食物而大动干戈，结果伤的伤、死的死。第三间房子的猴子虽作了努力，但因食物太高够不着，想够到难度过大，被活活给饿死了。只有第二间房子的两只猴子先是各自凭着自己的本能蹦跳取食，最后，随着悬挂食物高度的增加、难度的增大，两只猴子认识到只有协作才能取得食物，于是，一只猴子托起另一只猴子跳起取食。这样，每天都能取得够吃的食物，很好地活了下来。

这说明，最能有效地运用合作法则的猴子生存得最久，而且这个法则还适用于任何动物。

生活中，个人的力量是渺小的，集体的力量才真正伟大。合作能够产生无穷的力量去创造未来。

当感觉到个人的弱小时，我们不要怯懦，要努力寻求合作，三个臭皮匠顶上一个诸葛亮，懂得合作，渺小迟早会变成伟大。

你缺少工作经验，可以请老员工帮助；你没有钱，可以找有钱的帮忙；你没有技术，可以请有技术者与你共创事业；如果你不善于经营管理，你也可以聘请有经验的人入伙与你一道奋斗。

竞争并不排斥合作，大凡成就丰功伟绩的人都懂得合作的巨大力量。他们大多善于从同伴那里汲取智慧，从同行者那里获得前进的动力。

人生妙悟：

懂得个人智能的局限性，明确合作精神的重要性，我们才能相扶相助，打造成功的殿堂。

让上司欣赏你

【 低调与表现，两手都要会 】

三国时，许攸本是袁绍的部下，足智多谋。官渡之战时，他为袁绍出谋划策，可袁绍不听，他一怒之下投奔了曹操。曹操听说他来，没顾得上穿鞋，光着脚便出门迎接，鼓掌大笑道："足下远来，我的大事成了！"

后来，在击败袁绍、占据冀州的战斗中，许攸又立了大功，他自恃有功，在曹操面前便开始不检点起来。有时，他当着众人的面直呼曹操的小名，说道："阿瞒，要是没有我，你是得不到冀州的！"

曹操不好发作，只能强笑着说："是，是，你说得没错。"但心中已十分嫉恨。许攸并没有察觉，还是那么目中无人。

有一次，许攸随曹操进了邺城东门，他对身边的人自夸道："曹家要不是因为我，是不能从这个城门出出进进的！"

结果，曹操忍无可忍，将他杀了。

生活中，我们千万不能在众人，尤其是上司的面前，抢了上司的"风头"，否则只会对自己不利。

注意：在你与上司当面说话的时候，不要咄咄逼人，不要冷嘲热讽；背地里说话也不要评头论足；更不要让上司当众出丑，如芒在背。要知道这些都是蔑视上司的行为，你很容易被上司认为是一个恃才傲物和喜欢顶撞权威的人，从而不会信任你。

另一方面，如果你确实身怀绝技，但由于种种原因，领导并未注意你。怎么办？

你可以采取主动措施加强与领导的沟通和接触，或者注意提高自己的知名度。要有意识地去寻找与领导交流的机会，请教一个问题、提出一个建议、与领导聊天……同时，你不妨秀一下自己，如跳舞、书法、写作，从而引起领导的注意。甚至你可以通过增加在领导面前出现的频率来增加他对你的印象和兴趣，从而为交流奠定某种心理基础。

在生活中，有许多人才华横溢，但因为不会表现、推销，而没有找到发挥才华的舞台，无人赏识，怀才不遇。现代社会是开放的社会，每个人都在这个开放的大舞台上与众人竞技，而不是在一个封闭的角落里孤芳自赏。只有学会表现自己，懂得推销自己，才能赢得更多的机遇。

要想在这个社会中充分兑现你的自我价值，你必须敢于展示自己，善于表现自己，积极寻找机会向别人推销你自己，让大家发现你、认可你的价值，从而为你展现自己才华构筑合适的舞台。

人生妙悟：

会恰当地表现自己、推销自己，又懂得低调处世的人，将更多地赢得机遇，获得上司的青睐。

让同事喜欢你

【 好人缘，好走路 】

有个编辑很有能力，编的图书销路很好，年底评比中，得到最佳编辑奖。一开始他还很快乐，但过了个把月，却失去了笑容。他告诉朋友说，公司里的同事，包括他的上司和下属，都在有意无意和他作对。

朋友问清楚他的情况，告诉他：得了荣誉，你把"光彩"占尽了，却未对上司表示感谢；拿了奖金，你却没有与同事们分享。这就是关键所在。

所以，当我们在工作上有特别表现而受到肯定时，记住——别独享荣耀，否则它会为你带来人际关系上的危机。

我们应感谢上司的提拔、指导，感谢同事们的协助、合作，这种感谢虽然缺乏"实质"意义，但听到的人心里都会很愉快，也就不会嫌忌你了。

其次要保持谦虚的姿态。取得成果时，不要处处凸显你的得意，这将引来上司的反感、同事的嫉妒。对人要更有礼、更客气、更热情，好运才会一直伴随你。

还要学会分享。我们要会口头感谢，也可试一下实质分享。买包糖、水果，请同事们吃一顿，都不失为分享你的荣耀的小妙招。

工作中，我们要有一颗宽容之心，遇事不能斤斤计较，最好以微笑面对同事。这不但是礼貌，亦是感谢的表示。另外，说一些别人爱听的话，只要不是谎话，便不算埋没良心。对同事大叫大嚷，不但不礼貌、不友善，还显示出你缺乏信心。

如果某天我们情绪低落，那就更需要微笑，抛开烦恼跟同事们谈笑，借此把恶劣的心情冲淡。还要注意不要自扫门前雪，若同事需要你的帮助，不应吝啬，尽力而为吧，即使不会立刻获得回报，但你的投资是不会白费的。

相处时各种矛盾不可避免。是对方的错，尽量给予宽容；是自己的错，就大胆道歉吧。

　　无论哪一次结怨，谁是谁非，都不要介入工作的讨论范围，以免公私不分。记住：宽容是你与同事关系融洽的黏合剂。

　　有时，同事之间的竞争是很激烈的，怎样在竞争中站稳脚跟，并且又能与那些和你具有同样竞争力的同事和谐相处呢？

　　只有积极展示自己的才华，充分发挥自己的竞争潜力，才有机会脱颖而出。大家会敬重你，佩服你。另外还要做到：配合他人的工作，或者在团体运作中发扬团队精神，都是能够得到别人的赏识的。

　　当然，协助别人要有自己独到的见解。总是人云亦云，帮助别人做打杂的活儿是永远成不了气候的。

人生妙悟：

　　以积极的心态去影响别人，以高度的热情去帮助别人，努力获取大家的喜欢，你将一路春风，笑唱凯歌。

第八章

心态好，活得好

两人同时望向窗外，一个人看到天空中的星辰，一个人则看到地面上的污泥。

生活其实是一面镜子，你或哭或笑，镜子都会还给你。

心冷了，太阳都不再温暖；心热了，冰雪也会融化。

换一个想法，换一种心态，你的生活可以改变。当你拥有良好的心态时，你的整个世界也将是快乐的。

在心田种下快乐的种子，年年岁岁你都能采摘快乐。

带着乐观上路

【 在哪儿都有快乐的理由 】

一个井口上吊着两个水桶。

其中一个桶对另一个桶说："你看起来似乎闷闷不乐，有什么不愉快的事吗？"

"唉！"另一个回答，"我常在想，这真是徒劳，好没意思。常常是这样，才重新装满，随即又空着下来。"

"啊，原来是这样。"第一个水桶说，"我倒不觉得如此。我一直是这样想：我们空空的来，却装得满满的回去！"

很多事情，换个角度，心情、看法便会迥然不同。

有一位哲学家，当他是单身汉的时候，和几个朋友一起住在一间小屋里。尽管生活非常不便，但是，他一天到晚总是乐呵呵的。

有人问他："那么多人挤在一起，连转个身都困难，有什么可乐的？"

哲学家说："朋友们在一块儿，随时都可以交换思想、交流感情，这难道不值得高兴吗？"

过了一段时间，朋友们一个个相继成家了，先后搬了出去。屋子里只剩下了哲学家一个人，但是每天他仍然很快活。

那人又问："你一个人孤孤单单的，有什么好高兴的？"

"我有很多书啊！一本书就是一个老师。和这么多老师在一起，时时刻刻都可以向它们请教，这怎能不令人高兴呢？"

几年后，哲学家也成了家，搬进了一座大楼里。这座大楼有七层，他的家在最底层。底层在这座楼里环境是最差的，上面老是往下面泼污水，丢死老鼠、破靴子、臭袜子和杂七杂八的脏东西。那人见他还是一副自得其乐的样子，好奇地问："你住这样的房间，也感到高兴吗？"

"是呀！你不知道住一楼有多少妙处啊！比如，进门就是家，不用爬很高的楼梯；搬东西方便，不必费很大的劲儿；朋友来访容易，用不着一层楼一层楼地去叩门询问……特别让我满意的是，可以在空地上养些花，种些菜。这么多的乐趣，能不让我感到高兴吗！"

过了一年，哲学家把一层的房间让给了一位朋友，这位朋友家有一个偏瘫的老人，上下楼很不方便。他搬到了楼房的最高层——第七层，可是每天他仍是快快乐乐的。那人见了揶揄地问："先生，住七层楼是不是也有许多好处呀！"

哲学家说："是啊，好处可真不少呢！每天上下几次，这是很好的锻炼机会，有利于身体健康；光线好，看书写文章不伤眼睛；没有人在头顶干扰，白天黑夜都非常安静。"

后来，那人遇到哲学家的学生，问道："你的老师总是那么快快乐乐，可我却感到，他每次所处的环境并不那么好呀。"

学生笑着说："决定一个人快乐与否，不在于环境，而在于心境。"

生活中许多事，有好的一面，亦有坏的一面，有乐观的一面，亦有悲观的一面。就好比一个碗缺了个角，乍看之下，好似不能再用；若肯转个角度来看，你将发现，那个碗的其他地方都是好的，所以还是可以用的。若凡事皆能往好的、乐观的方向看，必将会希望无穷；反之，一味地往坏的、悲观的方向看，定觉沮丧无比。

做一个乐观的人，必将拥有一个快乐积极的人生。

人生妙悟：

带着乐观上路，即使有坎坷、有风雨，也总能找到快乐的理由。

怀一颗感恩的心

【 蜜蜂从花中啜蜜，离开时营营地道谢 】

有一次，美国前总统西奥多·罗斯福的家被盗，丢了许多东西，一位朋友闻讯后，连忙写信安慰他，劝他不必太在意。

罗斯福给朋友写了一封回信："亲爱的朋友，谢谢你来信安慰我，我现在很平静。感谢上帝！因为：第一，贼偷去的是我的东西，而没有伤害我的生命；第二，贼只偷去我部分东西，而不是全部；第三，最值得庆幸的是，做贼的是他，而不是我。"

在这个世界上，很多事物都会给我们带来由衷的欢欣和喜悦，只是需要我们用心去感知，用情去体味，想一想：此刻的你我，能快快乐乐地活着，该感谢的有谁？

感谢天地吧！它给予我们阳光、大气、水和粮食。没有这些，我们无法存活一天。

感谢父母吧！他们含辛茹苦，日复一日地养育、关爱我们。没有他们，我们不会有今天。

感谢老师吧！他们用青春的代价，换来我们的长大、成熟。没有他们，我们早被人生的泥泞困住。

感谢朋友，感谢恋人，感谢书籍，感谢鲜花，感谢艺术……

我们需要感恩的实在是太多太多了。

一个人带着怨恨是无法成就任何事的，唯有感恩才行。

不知感恩就不会付出，没有付出，就无法懂得有付出才会杰出的简单道理。

有位名人说："我们关心的远比我们知道的少，我们知道的远比我们所爱的少，我们所爱的远比我们所能爱的少，就这一点来看，我们表现的远比真正的我们少。"

我们每个人在生活中，都会得到别人的帮助，接受他人的恩惠。我们应该用心记住这些，并且用感恩之情回报他们，回报这个世界，那么我们的生活就会变得越来越美好。

拥有一颗感恩的心，我们会把美更多地拿出奉献给社会；拥有一颗感恩的心，我们会更深刻地认识到我们收获的可贵；拥有一颗感恩的心，我们会更自觉地在社会中兑现自己的价值；拥有一颗感恩的心，我们会永远对这个世界充满热情，永远对生活充满希望，让自己的人生更阳光，更完美。

人生妙悟：

如果你想要拥有美好的人生，那就常怀一颗感恩的心吧！想一些令你觉得心怀感激的事，让自己全心全意地沉浸其中。你会发觉，你的快乐就在其中。

走出自闭的荒原

【 打开心锁，海阔天空 】

　　曾任美国国会参议员的爱尔默·托马斯在他十几岁时，与同龄人相比，不但长得太高了，而且瘦得像支竹竿。他除了身体比别人高之外，在棒球比赛或赛跑等方面都不如人。于是他成了同学们常取笑的对象，被人起了一个"马脸"的外号。托马斯终日被自卑、忧虑所困扰，他不喜欢见任何人，不愿意做任何事。

　　幸运的是，他的母亲一直鼓励他、相信他。不久以后发生的几件事带给了他勇气、希望与自信，使他以后的人生发生了改变。

　　进入大学后，托马斯通过了一项考试，得到一份三级证书，可以到乡下的公立学校授课。虽然证书的有效期只有半年，但这是他有生以来，除了他母亲以外，第一次证明别人对他有信心。

　　随后，一个乡下学校以月薪40美元的工资聘请他去教书，这更证明了别人对他的信心。领到第一份薪水，他就到服装店，买了一套合身的服装。

　　后来，学校里举行一年一度的演讲比赛，他母亲一直鼓励他参加。于是，他精心准备，对着树木与牛群演练了上百遍。结果出人意料，他得了第二名，并且拿到了奖学金。

　　后来托马斯在回忆自己的人生历程时，不止一次说过："这一连串的事成了我一生的转折点。"

　　生活中，有许多人不愿与人沟通，很少与人讲话，不是无话可说，而是害怕或讨厌与人交谈。他们只愿意与自己交谈，如写日记、撰文咏诗，以表心曲。这种自我封闭行为与人生挫折有关，有些人在生活、事业上遭到挫折与打击后，精神上受到压抑，对周围环境逐渐变得敏感，变得不可接受，于是有了回避社交的行为。

　　一个人如果做了自闭的俘虏，不仅会影响身心健康，还会使聪明才智和创造能力得不到发挥，使别人觉得他难有作为，那他只会被这个社会抛弃而一生平庸。

　　事实上，只要我们能正确对待自身缺点，把压力变为动力，奋发向上，多向他人学习，我们就一定能摆脱自闭的困缚，进入到充满阳光的生命中。

　　社会是一个联系着的整体，任何人想孤立于这个社会，"与世无争"，那他一定早早被历史的灰尘湮没。世界是个大家庭，人与人需要互动，积极主动与他们交流，互换思想、情感、心得，你就发现社会每一个角落都存在美，你就变得更自信，更热爱生活，更向往明天，更憧憬未来。

人生妙悟：

　　从自我封闭的荒原中走出来，你会发现天地的无垠和精彩。

远离仇恨的烈火

【 仇恨是用爱来消释的 】

古希腊神话中，有一位英雄叫赫克力斯。一天他走在坎坷的山路上，发现脚边有个袋子似的东西很碍脚，海格力斯踩了那东西一脚，谁知那东西不但没被踩破，反而膨胀起来，并加倍地扩大着。

赫克力斯恼羞成怒，操起一条碗口粗的木棒砸它，那东西竟然张大到把路堵死了。

这时，山中走出一位圣人，对赫克力斯说："朋友，快别动它了，忘了它吧，离开它，远去吧！它叫仇恨袋，你不犯它，它便小如当初；你侵犯它，它就会膨胀起来，挡住你的路，与你敌对到底！"

人生在世，我们若长久地将仇恨带在身上，它便如烈火一般，伤人伤己。

一位画家在集市卖画。不远处，前呼后拥地走来一位大臣的孩子，这位大臣在年轻时曾经把画家的父亲欺诈得心碎而死。

这孩子在画家的作品前走来走去，并且选中了一幅，画家却匆匆地用一块布把画遮住，并声称这幅画不卖。

从此，这孩子因为心病而变得憔悴。最后，他父亲出面了，表示愿意出一笔高价买这幅画。

可是，画家宁愿把这幅画挂在画室的墙上，也不愿意出售。他阴沉着脸坐在画前，自言自语地说："这就是我的报复。"

每天早晨，画家都要画一幅他信奉的神像，这是他表现信仰的唯一方式。可是现在，他觉得这些神像与他以前的神像日渐相异。

他苦恼不已，却找不到原因。然而有一天，他惊恐地丢下手中的画，跳了起来，他刚画好的神像的眼睛，竟然是那大臣的眼睛，而嘴唇也是那么的酷似。

他把画撕碎，并且高喊："我的报复已经回报到我的头上来了！"

生活中，有些人总想用各种攻击方式向那些曾给自己带来伤害或不愉快的人发泄不满，这种情绪就是报复。报复心理是一种不健康的心理状态，它不仅会对报复对象造成这样或那样的威胁，而且有害自己的心理健康。

试想，如果这个世界上谁都"有仇必报"的话，那么冤冤相报何时能了呢？社会又怎么能够平静安稳？

所以，脑袋中还在转着报复念头的人，立刻"放下屠刀"吧！

生活中，不可能没有摩擦与冲突。如果你一受到伤害，就终日满腹仇恨，伺机报复，于人于己，都没有好处。仇恨如潜藏的烈火，一旦放它出来，后果将不堪设想。

人生妙悟：

让我们的心胸开阔一些，多一点宽容，少一点仇恨，世间将更加和谐。

斩断嫉妒的毒蛇

【 嫉妒是痛苦的制造者 】

春秋战国时期，庞涓与孙膑一同学习兵法。庞涓嫉妒孙膑的军事才能，用挖去两膑的酷刑加害孙膑，最后被孙膑设计射死，为天下人耻笑。

三国时，周瑜与诸葛亮同为军事奇才，但是周瑜心胸狭窄，容不得人，在"赔了夫人又折兵"后，哀叹"既生瑜何生亮"，吐血而死。

再如李斯嫉妒韩非子、潘仁美嫉妒杨令公等，都是以害人开始，以害己结束。可见，嫉妒不仅折磨本人，也危害他人。

历史上能够欣赏他人才华，为新秀搭桥铺路的人，都最终获得人们的敬重和钦佩。

北宋大文学家欧阳修，在读到一位叫苏轼的青年的诗文时，大加赞叹，不仅没有一丝嫉妒，反而说："我该为他让路了。"

19世纪初，肖邦从波兰流亡到巴黎时，还是一个没有名气的小人物。当时匈牙利钢琴家李斯特已蜚声乐坛，他对肖邦的才华深为赞赏。怎样才能使肖邦在观众面前赢得声誉呢？李斯特想了个妙法。

那时候在钢琴演奏时，往往要把剧场的灯熄灭，令剧场一片黑暗，以便使观众能够聚精会神地听演奏。李斯特先坐在钢琴面前，当灯一灭，他就悄悄地让肖邦过来代替自己演奏，观众被美妙的钢琴演奏征服了。演奏完毕，灯亮了，人们既为出现了这位钢琴演奏的新星而高兴，又对李斯特推荐新秀的行为深表钦佩。

如果李斯特嫉妒肖邦的才华，他只会成为令人讥笑的丑角，而不会成为一个真正伟大的艺术家。

嫉妒是痛苦的制造者，在各种心理问题中是对人伤害最严重的，可以称得上是心灵上的恶性肿瘤。如果一个人缺乏正确的竞争心理，只关注别人的

成绩，嫉妒别人的成就，内心产生严重的怨恨，时间一久，心中压抑聚集，就会形成病态心理，对健康也会造成极大伤害。

波普尔曾经说过："对心胸卑鄙的人来说，他是嫉妒的奴隶；对有学问、有度量的人来说，嫉妒可化为竞争心。"

坚信别人的优秀并不会妨碍自己的前进，相反，却给自己提供了一个竞争对手，一个学习和赶超的榜样，会使你在今后的奋斗历程中迸发出前所未有的动力。

人生妙悟：

一旦你有了妒忌，也就是承认自己不如别人。你要超越别人，首先你得超越自身。一个真正埋头沉入自己事业的人，是没有工夫去嫉妒别人的。

扫码获取更多资源

人贵知足常乐

【 不懂得知足，给你全世界，你也不会幸福的 】

一只生活在笼子里的鸟，日子十分安逸。风吹不着，雨淋不着，每天主人都会安排好它吃喝拉撒，它只需天天唱歌给人听。

有一天，鸟想上天堂看看。它就去请求上帝。

上帝问鸟："你现在的日子不愁吃不愁喝，不好吗？"

鸟问答："可那笼子太小了，我不自由。"

于是上帝就把鸟安置在天堂住下了。

一年后，上帝突然想起了那只鸟，便去看它。

他问鸟："啊！我的孩子，你过得还好吗？"

鸟答道："感谢上帝，我活得很一般！"

"为什么会有这种感受呢？"上帝问。

鸟长叹一声说："咳，这里什么都好，只是这笼子太大，怎么飞也飞不到边。"

这只鸟不明白"知足"为何物，自然就不会快乐了。

清代学者彭玉麟曾说："人能够明白自己所想得到的是正当的，那么饥饿时想食物，寒冷时想衣物，渴饮而倦眠，也就可以了。如果吃的一定要肥美甘甜，这已经是非分之想了，失去吃饱这个本意了。穿的一定要锦绣衣衫，这也是非分之想，失去了暖和本意。烹煮龙井雀舌之茶，躺在锦衣华褥之上，这也不过是为了解渴安神罢了。如果能这样想就可以省去许多贪心的想法，平息不少无谓的争执。"

生活中，我们常常埋怨自己没生养在富贵之家，总是抱怨子孙们不能个个如龙似凤，但我们更多的不满足还是来自于自身。

这其实是欲望的驱使，是幻想的冲动，是不切合实际的索取。其实，不知足是一种最原始的心理需求，知足则是一种理性思维后的达观与开脱。

列夫·托尔斯泰说:"俄罗斯人对于自己的土地和财产从不满足,而对于自己的智慧却相当自信。"这就说明了知足的两重性。人们对于物欲的追求总会优越于精神的追求,在精神上的知足往往不能满足物质的需求,这其实与人类的第一需要是温饱有关。

一个人对生活的期望不能过高。虽然谁都会有些需求与欲望,但这要与本人的能力及社会条件相符合。每个人的生活有欢乐,也有缺失,不能攀比,俗话说"人比人,气死人","家家都有本难念的经"。心理调适的最好办法就是做到知足常乐,"知足"便不会有非分之想,"常乐"也就能保持心理平衡了。

当然,我们强调的"知足常乐"并非无为做人,消极做事,并非不思进取,得过且过,它是一种人生大智慧,一种生活境界。

人生妙悟:

老子云:"知足之足,常足矣。"人生中许多美梦未必都能成真,你要承认和接受现实,珍惜今天所拥有的,学会知足。

第九章

笑看得与失

人的一生，犹如月，有圆有缺；犹如花，有开有谢；犹如四季，有繁花锦簇的春日，也有暗淡萧条的冬天……

得，不必狂喜，不必盛气凌人；失，不要忧伤，不要自暴自弃。

一切都将过去，成为淡淡的记忆。荣与辱，赢与输，得与失，看轻些，看远些，看开些，你的生命将从容、宁静而愉悦。

不变的，是一颗无愧的、坦然的心。

欲望是一个无底洞

【 欲望越小，人生就越幸福 】

据说上帝在创造万物时，并没有为蜈蚣造脚，但是它仍可以爬得和蛇一样快速。有一天，它看到羚羊、梅花鹿和其他有脚的动物都跑得比它还快，心里很不高兴："哼！脚愈多，当然跑得愈快。"

于是，它向上帝祷告说："上帝啊！我希望拥有比其他动物更多的脚。"

上帝答应了蜈蚣的请求。他把好多好多的脚放在蜈蚣面前，任凭它自由取用。

蜈蚣迫不及待地拿起这些脚，一只一只地往身上贴，从头一直贴到尾，直到再也没有地方可贴了，它才依依不舍地停止。

它兴奋地看着满身是脚的自己，心中暗暗窃喜："现在我可以像箭一样地飞出去了！"

但是，等它开始要跑步时，才发觉自己完全无法控制这些脚。这些脚噼里啪啦地各走各的，它非得全神贯注，才能使一大堆脚不致互相绊跌而顺利地往前走。

结果，它走得比以前更慢了。

其实，世间许多人又何尝不是如此？金钱、名声、美色……他们追逐贪恋，永不满足。

古时候有一首《十不足诗》，十分形象地描画了贪心者的欲望：

终日奔忙为了饥，
才得饱食又思衣。
冬穿绫罗夏穿衫，
堂前缺少美貌妻。
娶下三妻并四妾，
又怕无官受人欺。
四品三品嫌官小，
又想面南做皇帝。
一朝登了金銮殿，
却慕神仙下象棋。
洞宾与他把棋下，
又问哪有上天梯。
若非此人大限到，
上到九天还嫌低。

物欲太盛造成的灵魂病态，就是永不知足，精神上永无宁静，永无快乐。

物质上永不知足是一种病态，其病因多是权力、地位、金钱之类引发的。这种病态如果发展下去，就是贪得无厌，其结局是自我毁灭。

托尔斯泰说："欲望越小，人生就越幸福。"这话蕴含着深邃的人生哲理。这是针对欲望越大，人越贪婪，人生越易致祸而言的。古往今来，被难填的欲壑所葬送的贪婪者，多得不可计数。的确，有了名利、金钱，可使生活更加安定，也会让生活变得多姿多彩。但有些人并不满足于此，而只对贮积的增加有快乐感。我们不应该为了名利、物质而生存，而应该有效地使用它们，成为它们的主人才对。

在日本众石庭中享有盛名的京都由科龙安寺的茶庭里，安放着一座唤做"蹲"的石制洗手盆，在其表面刻有"吾唯知足"的文字。

由于人们的欲望是无边无际的，难免有扩大的倾向，应该约束其界限，满足于目前所能拥有的，心存感谢。

人生妙悟：

有太多的欲望，就随之产生满足不了欲望的痛苦。我们应以清醒的心态，从容的步履走过人生的岁月。

不做金钱的奴隶

【 学会做金钱的主人，才会真正幸福 】

扬州有个商人，一天他和几个同伴乘船返回家乡。哪知小船到了河中间的时候，突然破了，水一个劲儿地漏进船里。眼看船就要沉了，于是大家干脆就全跳下船去，努力游到对岸去。但其中的这个扬州人，虽然拼命地向前游，却游得很慢。

同伴问他："你游泳比我们都强，今天怎么啦，竟然落在我们后面？"这个人十分吃力地说道："我腰上缠着 100 元钱，很沉，我游不远。""赶快把它解下来，丢掉算了。"同伴们都劝告他。可是他摇了摇头，舍不得扔掉这些钱，渐渐地这个人越游越慢，几乎要精疲力竭了。

这时，同伴们都已经游到了对岸，看见这人马上就要沉下去了，于是就冲他大喊着："快把钱扔了！你为什么这样愚蠢，连性命都保不住了，还要这些钱有什么用？"可是这个人终究还是舍不得这些钱。不一会儿，他就沉下去淹死了。

金钱的奴隶的命运是可怜又可悲的。

英国哲学家罗素说："对财产先入为主的观念，比其他事更能阻止人们过自由而高尚的生活。"

世间有许多吴敬梓笔下的严监生，巴尔扎克笔下的葛朗台，他们都是金钱的奴隶。对这类人来说，唯有金钱、财物才是最为重要的。为钱而生，为财而活，敛钱、敛财是这类人的最大嗜好，也是他们人生的最大目的。他们的生活公式是：挣钱、存钱、再挣钱、再存钱……他们的最大乐趣是"数钱"：今天比昨天多了多少，明天比今天还会多多少。他们的哲学是：多了还想多，永远不会有满足的时候。

凡是这样的人一般都自私、贪婪、冷酷，他们不懂得亲情，不懂得友谊，不懂得人与人之间的感情，若是有的话，也是以金钱的标准去衡量。他们的处世原则是，认钱不认人。即使是家人、爱者，也始终毫不含糊，"账"总是算得清清的，为了金钱有的甚至达到了"六亲不认"的程度。

大家都知道那个渴求点石成金的国王吧，开始时他狂喜万分，后来呢，食物和水成了金块，最亲爱的女儿也成了金人，他只剩下悔恨。

人，不光需要财富，更离不开真情和爱。人是感情的动物，悭吝冷漠，只会割断幸福，使自己成为孤家寡人。过分贪婪的人一生会失掉许多最美好的东西。

金钱固然重要，但如果因为索取金钱而抛弃亲情、友情和爱情，远离宁静、快乐，则金钱带来的满足绝不会持久。能够持久地使人身心健康，愉快自如地应付生活中的一切挑战的，唯有真情所赋予的力量。

人生妙悟：

任何时候，都要做金钱的主人，不要让贪心毁了人生。

与诱惑对峙

【 守住心灵的防线，你才能生活得自在如意 】

一个法国商人来到非洲一个叫亚米亚尼的原始部落旅游。部落里一位老者穿着白袍盘坐在一棵菩提树下做草编。草编非常精致。

法国商人想：要是将这些草编运到法国，巴黎的女人戴着这种小圆帽，挎着这种草编的花篮，将是多么时尚、多么风情洋溢啊！想到这里，商人激动地问："这些草编多少钱一件？"

"10 比索。"老者微笑着回答道。

"我会发大财的。"商人欣喜若狂。

"假如我买 10 万顶草帽和 10 万个草篮，那你打算每一件给我优惠多少钱？"

"那样的话，就得要 20 比索一件。"

"什么？"商人简直不敢相信自己的耳朵！他几乎是大喊着问："为什么？"

"为什么？"老者也生气了，"做 10 万件一模一样的草帽和 10 万个一模一样的草篮，它会让我乏味死的。"

生活中，我们常常被生活的包袱压得喘不过气来。同时，我们也被各种欲望折磨着。如果我们的欲求总是不着边际，我们便永远得不到它，而不甘的心驱使我们无止境地追求它，直到我们筋疲力尽的那一天。从这种意义上来说，这种生活已不是一种乐趣，而是一种折磨了。

战国时期，秦国经过商鞅变法，一天比一天富强，野心也一天天膨胀，不断侵扰山东六国。秦昭襄王即位后，经常派兵攻取韩赵楚魏的土地，在一次对韩战争中，韩军被重创，韩王为换取国家的存在，答应把上党地区割给秦国。但上党太守冯亭不愿受秦统治，向赵国提议愿以上党献赵；赵国决策者平原君大喜，准备派兵接管。赵国明智之士都提醒平原君说这是韩国的嫁祸之计，勿要接管上党，否则引来大祸。平原君本是一个聪明人，但他最终还是经不起唾手就可得一大片土地这样的诱惑，接管了上党。秦国见自己打了几年，马上就得到胜利果实了，却被赵国不费一兵一卒就给吞去了，怒不可遏，遂发兵20万转攻赵国。赵军后来在长平被秦军打得大败，被坑杀竟达40万。

荀子说："人生而有欲。"人生而有欲望并不等于欲望可以无度。理学大家程颐说："一念之欲不能制，而祸流于滔天。"古往今来，因不能节制欲望，不能抗拒金钱、权力、美色的诱惑而身败名裂甚至招致杀身之祸的人不胜枚举。

诱惑能使人失去自我，这个世界有太多的诱惑，一不小心就会掉入陷阱。找到自我，固守做人的原则，守住心灵的防线，不被诱惑招引，你才能生活得安逸、自在。

人生妙悟：

面对诱惑不心动，不为其所惑，虽平淡如行云，质朴如流水，却让人领略到一种山高海深的意境。这样的人也是真正懂得如何生存的人。

抛下虚荣的面具

【 虚荣是一个不知足的贪食者，它在吞噬一切 】

有一个女孩，家境一般。毕业后进入社会，为追求时尚，她不惜借钱购买高档化妆品、名牌服装、项链戒指等。周围的人都羡慕地夸她有钱。一天，众多债主上门，大家才明白是怎么回事。从此，人们都躲着她。

由于虚荣，莫泊桑的《项链》中那位女主人公为了一条假项链，付出了十年美丽青春、十年辛苦劳作的沉重代价；由于虚荣，安徒生笔下的皇帝穿着并不存在的新衣服，赤裸着身子，被人们嘲笑。

古往今来，人们大多都摆脱不掉虚荣这个怪影子。男人自夸是强者，女人自夸柔能克刚；富人自夸他的财富，穷人自夸他的清高；执法者自夸权威，罪犯自夸无畏……虚荣的圈子是整个儿的，难怪诗人要说："虚荣，虚荣，世界上一切都是虚荣！"

生活中，虚荣心强的人喜欢在别人面前炫耀自己昔日的荣耀经历或今日的辉煌业绩，他们或夸夸其谈，肆意吹嘘，或哗众取宠，故弄玄虚；自己办不到的事偏说能办到，自己不懂的事偏要装懂，一切为了提高自己；喜欢听表扬，对批评恨之入骨；喜欢摆阔装富，家境平平却大手大脚；喜欢寻找各种借口极力掩饰缺点与不足；喜欢班门弄斧，觉得处处比人强，自命不凡；喜欢炫耀有名有地位的亲朋好友，希图借助他人的荣光来弥补自己的不才，而对于那些无名无分、无地位"卑微"的亲朋则避而不谈，甚至唯恐避之而不及。

莎士比亚曾说过："轻浮和虚荣是一个不知足的贪食者，它在吞噬一切之后，结果必然牺牲在自己的贪欲之下。"

对虚荣心这种东西，我们要正确把握、合理引导和适当应用，千万不能任其发展，殃及他人，祸及社会。

虚荣心会让人不自觉地虚伪、欺骗，让人盲目自满而缺乏自知之明。严重者，会滋生怨天尤人、压抑郁闷的负面情绪。久而久之，将对自己的生理、心理，对工作、学习、交往造成极大的影响和危害。

生命常常被一种并不需要的"需要"包围着，虚荣便是这样一种"需要"。人们为了满足虚荣，常常付出惨重的代价，付出之后才发现，除了满足一时的虚荣外，其实一无所获。

虚荣是生命的一种顽疾，它使你将还未实现的事看成已经得到的结果，得意洋洋到处炫耀；使你煞费苦心地将自身的缺陷一一掩盖；使你因渴望赞赏而背弃真理甚至背叛亲人和朋友；也使你因恐惧一日露馅而一错再错地玩卑劣手段自欺欺人，在罪恶路上越陷越深。

如此之多，虚荣还要得吗？

人生妙悟：

虚荣是一件无聊的东西，得到它的人，未必有什么功德；失去它的人，也未必有什么过失。

淡看功名，笑对荣辱

【 荣辱如花开花谢，云卷云舒 】

从前，有一个老童生考秀才，已经考得胡子都白了，仍没考取。有一年，他正好与儿子同科应考。到了放榜的那一天，他正关在屋里洗澡，儿子看榜回来，高兴地报喜："父亲，我已考取了。"老童生在屋一听，便大声呵斥："考取一个秀才算得了什么，这样沉不住气！"儿子一听，吓得不敢大叫，便轻轻地说："父亲，你也考取了。"老童生一听，忘了自己光着身子，连衣服还没穿上，就忙打开房门，大声呵斥："你怎么不先说！"

老童生是可笑的。其实，生活中，又有几人能从容应对得失、荣辱呢？

19世纪中叶，美国有个叫菲尔德的实业家，他宣称要用海底电缆把"欧美两个人陆连接起来"。为此，他成为美国当时最受尊敬的人，被誉为"两个世界的统一者"。在盛大的接通典礼上，刚被接通的电缆传送信号突然中断，人们的欢呼声变为愤怒的狂涛，都骂他是"骗子"、"白痴"。菲尔德对于这些只是淡淡一笑。他不做解释，只管埋头苦干，六年后，最终通过海底电缆架起了欧美大陆之桥。在庆典会上，他没上贵宾台，只远远地站在人群中观看。

世上有许多事情的确是难以预料的，成功常常与失败相伴。人的一生，有如簇簇繁花，既有红火耀眼之时，也有暗淡萧条之日。面对成功或荣誉，要像菲尔德那样，不要狂喜，也不要盛气凌人，把功名利禄看轻些，看淡些，这样，面对挫折或失败，就不会像《儒林外史》里的范进，因中了举而发了疯。

人生妙悟：

无论是悲喜荣辱，还是得失成败，只要有一颗宁静之心，生命自然风雨无惊。

平平淡淡才是真

【 平淡之中，自有真味 】

有一位永秀法师，他醉心吹笛。不管白天黑夜，他只知吹笛子，虽然极其贫困，但他从不向人乞求帮助。

他有一个很富有的朋友叫赖清。赖清知道他的穷困后，就派人传话说："为什么不对我说呢？遭到如此困境，我会帮助你的。"

永秀听了，回复传话的人说："这真叫人感到惶恐，有件事我一直想开口，因生活困顿，心里有忌惮，没敢冒昧地提出来。既然赖清这样说，我马上就找他当面禀告。"

赖清听了回报后心想：他到底会开口恳请什么事呢？如果提出让人难堪的要求，就讨厌了。

日落时分，永秀来了。

赖清请他进来，坐定后问永秀道：

"有什么事要我帮忙吗？"

"前些日里有些事想请求你帮忙，都忍着没敢开口；先前听到您的话，才斗胆前来。"

赖清听到这儿，心想：这下你总该挑明真相了吧。但令他意想不到的是，永秀竟说："你在筑紫有大片领地，我能不能向你请求要一枝长在筑紫的汉竹，我好用它做一支笛子？我是多么渴望得到这种笛子啊！因为家境贫寒，就只能在心里日日企盼。"

"这太简单了，我马上派人砍来给你就是了，你就不想再求点别的什么了？每个月的生活很艰难吧？生活上有什么困难也可以说的呀。"

永秀说道："太感谢了，但这类事不敢烦劳您。朝夕食物，我自会解决。"

就这样，永秀的技艺日益精湛，成为一代吹笛名手。

人生之中，有各色繁华、诱惑，有人汲汲求取，为之终日奔波；有人却顺其自然，静守自己的心灵家园。

我们的心境，常常会反复振荡于浮躁、得意、狂喜、傲慢、迷茫、不安、沮丧、焦虑、恐惧甚至绝望之间，想是因为当我们还是一张白纸时，被灌输了狭隘的价值观和急功近利的思想导向。

古今中外，真正的大师、智者，都是那些以平常心之缰绳牢牢地驾驭名利心、得失心这匹烈马的人。正所谓"像一个凡人那样活着，像一个诗人那样体验，像一个哲人那样思考"。

人生妙悟：

平淡之中，自有真味。一个顺其自然、远离浮躁之人，不会让得失焰、名利火灼伤自己。

失之东隅，收之桑榆

【 塞翁失马，焉知非福 】

大家都非常熟悉著名的"塞翁失马"的故事，它告诉我们：一时的得并非完全是好事，一时的失也并非全是坏事。

一位大商人说，他曾生过大病，住过加护病房，在生死一线之间被拉回人世。从此思索着："我还有什么事要做，要及时做？"他说："现在我的每一天，都过得很感恩。以前怕死，现在不怕了。像前些时候飞机常出事，我却照样搭飞机来去国内外。"他从死亡边缘回来后，第一个想到的就是回馈社会。他说："真正的欢喜，是亲身的投入。"

某报载，一位旅客去三峡旅游，站在船尾观赏两岸景色时，不小心将手提包掉落在江中，包中有不少贵重物品，他当即不假思索地跃身投水捞包，虽然包拿到手中，可人再也没有上来。这位旅客如果学会看淡得失，就不至于连生命也赔进去。人生路上的得失祸福，岂是一时可以论断的？

生命中，或许会遭遇一些起承转合，"塞翁失马"教会我们用平实的心情看待人生一时的喜与忧，也用平实的心情随波成长，在不同的激流中激发一些人生的智能与契机。人生在世，有得有失。你得到了声誉或权力，同时就失去了做普通人的自由；你得到了巨额财产，同时就失去了淡泊清贫的欢愉；你得到了事业成功的满足，同时就失去了眼前奋斗的目标。我们每个人如果认真地思考一下自己的得与失，就会发现，在得到的过程中也确实不同程度地经历着失去。整个人生就是一个不断地得而复失、失而复得的过程。

人生妙悟：

一时的得失不必过分喜或悲。不计较得失，人生还有什么不能克服的？

聚敛你的心灵财富

【 心灵上富有，才是真正的富有 】

小赵用 2 元钱买了张彩票，没想到一下子中了大奖！他高兴坏了。

于是他请朋友们吃了顿大餐，又买了一辆新车，一有空就开着车兜风。很多人经常看见他吹着口哨在林荫道上行驶，他的车也总是擦得一尘不染的，一月后的一天中午，小赵把车停在楼下，吃完饭之后，下楼一看，发现车丢了。几个朋友得到消息，想到他爱车如命，都担心他受不了，就相约来安慰他。朋友敲开门，小赵正高兴地哼着小曲跳舞呢。大家说："车丢了，你千万要想开啊！"小赵却大笑起来："哈哈，我为什么要痛苦啊？"朋友们互相疑惑地望着。"如果你们不小心丢了 2 元钱，会痛心疾首吗？"小赵说。

生活中，物质财富、精神财富的多与少，是一个永恒的话题。两种财富都缺少的人，是可悲的。有千万家产而没有精神财富的人，也会十分痛苦。

颜回一箪食、一瓢饮，住在陋巷，人不堪其忧，他却不改其乐。陶渊明常缺衣少食，他却说，夏天躺于窗下，南风来时，要胜过做帝王的快乐。

有时，许多人为了追求权力、财富，碰得头破血流，却忽视了亲情、爱情、友情、知识这些人间的无价瑰宝。

在我们所追求的所有东西中，幸福是最容易得到的，也是最难得到的。世上不少人得到了许多出乎意料的幸运，却没有得到他所追求的幸福。

我们不应当对意外的得失斤斤计较，应该把心思放在寻找真正的幸福上。

人生妙悟：

物质上的财富，不必拼命追索；但心灵中的财富，你要努力敛取，使自己成为心灵的富翁。

第十章

真情快乐一生

亲情无价，爱情无价，友情无价，人世间的一切真情都是无价的。

它们是明灯，是火焰，是太阳，时刻闪烁着人性最美丽的东西。它们照亮阴暗的世界，孤独的心房，漫长的旅程，给人以希望和力量。

真情，让整个世界亮丽，让我们的人生温暖。

亲情无价

【 母爱，能创造奇迹，惊天动地 】

有两个好战的部落，一个住在低地，另一个住在高山上。有一天，住在高山上的部落入侵位于低地的部落，并带走该部落的一个婴儿作为战利品。低地部落的人不知道如何攀爬到山顶，他们决定派遣最优秀的勇士部队爬上高山去带回这个婴儿。

勇士们试了各种方法，却只爬了几百米高。正当他们决定放弃解救小婴儿，准备回去时，却看到婴儿的母亲正由高山上朝他们走来，背上还缚着她的小孩。其中一位勇士走向前迎接她，说："我们都是部落里最强壮有力的勇士，连我们都爬不上去，你是如何办到的呢？"

她耸耸肩说："他不是你的小宝贝。"

原来，母爱的力量这般强大，它能够创造种种奇迹。

在奥地利有一个少女叫罗莎琳，很小的时候父亲就去世了。母亲索菲娅在一家清洁公司工作，靠微薄的薪金把罗莎琳抚养大。因为家境的贫困，罗莎琳常常受到别人的歧视和欺侮。渐渐地，她对母亲开始心生怨恨，认为正是母亲的卑微才使她遭受如此多的苦难。

2002年2月的一天，索菲娅由于工做出色而被允许休假一周。为了缓和母女之间的关系，索菲娅决定带女儿去阿尔卑斯山滑雪。但不幸的是，她们在雪地里迷了路，对雪地环境缺乏经验的母女俩惊慌失措。她们一边滑雪一边大声呼救，不想，呼喊声引起了一连串的雪崩，大雪把母女俩埋了起来。出于求生的本能，母女俩不停地刨着雪，历经艰辛终于爬出了厚厚的雪堆。然后，她们挽着手在雪里漫无目的地寻找着回归的路。

突然，索菲娅看见了救援的直升机，但由于母女俩穿的都是与雪的颜色相近的银灰色羽绒服，救援人员并没有发现她们。

当罗莎琳醒来时，发现自己正躺在医院的床上，而母亲索菲娅却不幸去世了。医生告诉罗莎琳，真正救她的是她的母亲。索菲娅用岩石片割断了自己的动脉，然后在血迹中爬出了十几米的距离，目的是想让救援的直升机能从空中发现她们的位置，也正是雪地上那道鲜红的长长的血迹引起了救援人员的注意。

在这世上，父母之爱，是最深厚、最无私、最美丽的爱。它们可以创造令人难以想象的奇迹，可以让死神屈服。让父母伤心的人，会遭到世间的轻视、鄙弃。

人生妙悟：

谁言寸草心，报得三春晖？懂得爱父母的人，才会懂得人生的幸福。

爱的礼物

【 有亲情，就会有快乐 】

圣诞节来了，保罗收到了哥哥的礼物——一辆新车。当天，保罗离开办公室时，一个男孩绕着那辆闪闪发亮的新车，十分赞叹地问："先生，这是您的车？"

保罗点点头："这是我哥哥送给我的圣诞礼物。"男孩满脸惊讶，说："你是说这是你哥哥送的礼物，没花你半毛钱？我也好希望能……"

保罗以为他是希望能有个送他车子的哥哥，但那男孩的话却让他十分震撼。

"我希望自己能成为送车给弟弟的哥哥。"男孩继续说。

保罗惊愕地看着那男孩，邀请他："你要不要坐我的车去兜风？"

男孩兴高采烈地坐上车，绕了一小段路之后，那孩子眼中充满兴奋地说："先生，您能不能把车子开到我家门前？"

保罗微笑，心想那男孩必定是要向邻居炫耀，让大家知道他坐了一部大车子回家。没想到保罗这次又猜错了。"你能不能把车子停在那两个阶梯前？"男孩要求。

男孩跑上了阶梯，过了一会儿保罗听到他回来的声音，但动作似乎有些缓慢。原来他带着跛脚的弟弟出来，将他安置在台阶上，紧紧地抱着他，指着那辆新车说："你看，这就是我刚才在楼上告诉你的那辆新车。这是保罗他哥哥送给他的哦！将来我也会送给你一辆这样的车，到时候你就能看到那些挂在窗口的漂亮的圣诞节饰品了。"

保罗走下车子，将跛脚男孩抱到车子的前座。满眼闪亮的大男孩也爬上车子，坐在弟弟的旁边。就这样他们三人开始了一次令人难忘的假日兜风。

那一个圣诞夜，保罗真正体会到，只要有亲情，就会有快乐。

　　母爱、父爱、兄弟手足情是世上最纯洁高尚的感情！这是人与人之间，没有任何张障碍隔膜、敞开全部心扉，没有任何隐秘、心贴心的情感交流。亲情，是沸腾的海；是高峻的山；是炽热的火；是故乡村头柳树梢头的一轮明月；是奔驰在辽阔草原上的骏马；是翱翔在万里长空的雄鹰；是万籁俱寂时响彻大地的一颗惊雷。

　　亲情是甜蜜的、温馨的。你累了，倦了，它给你力量；你伤了，痛了，它给你疗伤。这种爱，是上天赐予的宝贵礼物。珍惜它，呵护它，你将走得更沉稳更快乐。

人生妙悟：

　　学会爱你的家人，你就与快乐、幸福结下了缘。

扫码获取更多资源

浪漫醉你一生

【 天长地久有时尽，此情绵绵无绝期 】

一个远在国外的青年到邮局去给他的恋人拍电报，全文是："亲爱的，我在国外很想你，祝你圣诞快乐！"

当他掏钱付款时，发现身上带的钱不够，于是他对邮局的小姐说："为了省钱，我可不可以去掉不必要的几个字呢？"

小姐说"可以"，但当她接过青年删改过的电文时，发现去掉了"亲爱的"三个字。

于是，邮局那位小姐说："先生，你还是把'亲爱的'三个字添上吧，钱由我来付。你不知道，这三个字对于一个女人来说有多重要。"

爱，有时是无语的动人心魄之酒。

在某个繁华的都市，一对年轻人美丽而短暂的邂逅后，又匆匆别离。女孩不能忘怀，但面对这人潮如海的大都市，又无从寻觅。女孩隐约记得男孩是爱读书的，就自愿担任了某图书馆的管理员，每天留意进出的张张面孔。七年后，她终于遇着了那个男孩。

爱情之酒是迷人的。为了爱，梁祝一同化成永不分离的彩蝶；为了爱，罗密欧和朱丽叶勇敢地饮下了毒酒；为了爱，杜丽娘死而复生……

人们几千年来都未曾放弃过对浪漫柔情的追求。"生死契阔，与子成说。执子之手，与子偕老。"这是恋人们刻骨铭心的誓言。

我们可以为另一半采撷世上最美的玫瑰，寻觅最好的贝壳，写下最动人的诗句，坐几个小时的公交车去买最大的毛绒玩具……

假如一个男人能为他心爱的女人做以上的这些，那么没有哪个女人不会幸福得晕过去。爱情之火将会不熄，爱情之树将会常青。

我们在谈情说爱时，会脱口而出"我爱你"，一点也没什么难为情的，只怕说不够。可是相处久了或者结了婚，这句表达情爱的话由于长期不用，便觉得不好意思说出口了，认为"爱"呀什么的只是少男少女的事。其实，夫妻之间的感情也需要表白。这一点对女性来说尤其重要。妻子常常向丈夫发问："你还爱我吗？"就是想通过丈夫亲口说"我爱你"来证实丈夫对自己的爱。

有时一封信、一束鲜花、一个电话、一个小礼物，都能表现你对爱人的深情。如果你经常出差在外，那么别忘了打个电话，写封信，捎回小纪念品，这些貌似平凡的小事将使你的爱人直观地感受到你对她执着而深沉的爱情。

只要在相识纪念日、结婚纪念以及类似可以纪念的日子里，想办法创造一种和热恋时一样的气氛，便能永葆青春，因为这迎合了爱人的追求浪漫和惧怕衰老的心理。两人可以坐到一起，共同回忆刚开始恋爱的事情。在这样的日子里可以给爱人买些礼物，譬如香水、领带、手表等。送的礼最好是用了心思的。

用心了，我们每个人都可以永久拥有浪漫。

人生妙悟：

张爱玲曾写道："于千万人之中遇见你所遇的人，于千万年之中，时间的无涯的荒野里，没早一步，也没有晚一步，刚巧赶上了，那也没有别的话好说，唯有轻轻地问一声：'噢，你也在这里吗？'"浪漫，是陈年的佳酿，入口淡然，醉后方知酒浓。

真情超越生死

【 面对真情，死神也会屈服 】

一个美丽的下午，罗伯特和妻子玛丽终于攀到了山顶。站在山顶上眺望，远处城市中白色的楼群在阳光下变成了一幅画；仰首，蓝天白云，柔风轻吹。两个人高兴得像孩子，手舞足蹈，忘乎所以。对于终日忙碌的他俩，这真是一次难得的旅行。

猛然间，罗伯特一脚踩空，高大的身躯打了个趔趄，随即向万丈深渊滑去。短短的一瞬，玛丽就明白发生了什么事情，下意识地，她一口咬住丈夫的上衣。当时她正蹲在地上拍摄远处的风景。同时，她也被惯性带向岩边，仓促之间，她抱住了一棵树。

罗伯特悬在空中，玛丽牙关紧咬。两排洁白细碎的牙齿承担了一个高大魁梧躯体的全部重量。

玛丽不能张口，不能呼救。半个小时后，过往的游客救了他们。

而这时的玛丽，美丽的牙齿和嘴唇早被血染得鲜红鲜红。

有人问她如何能坚持那么长时间，玛丽回答："当时，我头脑里只有一个念头：我一松口，他肯定会死。"

原来，在这个世上，死神也怕人们咬紧牙关。

大山深处偏僻的小村里，一个哑巴孩子突然得了一场怪病，烧得像一块火炭，三天三夜昏迷不醒。村里的医生一个个摇头而去。孩子的母亲却不愿放弃，她冒着纷飞的大雪，赶了一百多里险峻异常的山路到达县城。县医院的大夫无比遗憾地告诉她，孩子没救了。

母亲悲恸欲绝，但她仍然相信孩子还活着。母亲跌撞着踏上风雪归程，她一直将孩子紧紧地搂在温暖的胸襟里，一直梦呓似的唤着孩子的乳名。

当母亲带着满身伤痕回到村口时，孩子僵硬冰冷的小手突然不可思议地动了起来，并慢慢睁开眼睛，盯住母亲，轻轻吐出了一个石破天惊的声音："妈！"哑巴孩子奇迹般地活了下来。直到现在，他仍然只会叫一个字："妈。"

而可怜的母亲在那一声呼唤之后，稀泥似的瘫下，当即幸福地死在了孩子身旁。

真正的爱情、亲情是超越生死的。生命可以逝去，但爱不会。纵然有一天生命如风而散，留下的也会是一部永恒的、跨越时空和生死的真情交响曲。

人生妙悟：

真情、真爱是不求回报的付出，是默默无声的守候，是超越生死的神话。拥有它，你便掌握了幸福宝库的钥匙。

爱人渴望赞美

【 赞美，不应只放在心底 】

他从小在孤儿院长大，深知什么事都得努力去争取。未婚妻是他唯一约会过的女孩，所以他从来没爽过约。女孩深深地占据了他的心。当她还没明白过来时，他已向女孩求婚了。

结婚宣誓之后，女孩的父亲把新郎带到一旁，交给他一份小礼物，说："这是幸福婚姻的秘诀。"年轻的新郎迫不及待地打开。

盒子里装的是一只大型金手表。他小心翼翼地拿起来，细看之下，发现表面上刻着一句话，他每次看表时都无法避开，这句话是："跟她多说些好话。"

懂得赞美爱人，多说些好话，是爱情、婚姻的润滑剂、黏合剂。

某先生有边吃早餐边看报的习惯。有一天，当他夹起食物往口中放的时候，觉得不像往常，赶紧吐出来，拿开手中正看着的报纸，仔细一看，原来是一段菜梗！他立刻把妻子叫过来问。

"喔！原来你也知道火腿蛋与菜梗不同啊！我为你做了20年的饭，都不曾听你吭过一声，我还以为你食不知味，吃菜梗也一样呢。"妻子说。不说出来的赞美，是没有人知道的。

生活中，每个男人都知道，用称赞的方式可使他的太太愿意做任何事情，而且会什么也不顾地去做。他知道，如果他只夸奖她几句，说她把家庭管理得如何的好，说她如何帮助了他而没有花他一个钱，她会把她的每一分钱都赔上。每一个男人都知道，如果告诉他太太，说她穿上去年的某件衣服时是多么的美丽可爱，她就会宁愿不买商场里的最新款式。

同样，一个女人会赞美的话，可以改变一个男人对自己的整个看法，使他变得更自信，使他对生命有更多美好的期待。

比尔在第二次世界大战中受了伤，他的一条腿有点残废，而且疤痕累累，但他仍然能够享受他最喜欢的运动——游泳。

一天，在他出院以后不久，他和太太在海滩度假，做过简单的冲浪运动以后，比尔先生在沙滩上享受日光浴。不久他发现大家都在注视他满是伤痕的腿。

下个星期天，比尔太太提议再到海滩去度假，但是比尔拒绝了，说他不想去海滩而宁愿留在家里。"我知道你为什么不想去海边，"她说，"你开始对你腿上的疤痕产生错觉了。"

后来，比尔先生对朋友说："她向我说了一些我将永远不会忘记的话，这些话使我的心里充满了喜悦。她说：'比尔，你腿上的那些疤痕是你的勇气的徽章，你光荣地获得了这些疤痕。不要想办法把它们隐藏起来，你要记得你是怎样得到它们的，而且要骄傲地带着它们。现在走吧，我们一起去游泳。'"

其实，男女之间因欣赏而吸引、相恋、结合可能是短暂的；因欣赏而使夫妻相敬如宾、恩恩爱爱、甜甜蜜蜜却是永久的。生活中，夫妻间彼此都会把对方的一次称赞、一个眼神、一个微笑储留心底。妻子的几句赞美，无疑将大大调动丈夫洗衣做饭的积极性，尽管他做活的质量不是那么尽如人意。当妻子默默地挑着生活的重担，每日做饭、干家务时，丈夫应该对妻子的辛劳赠之以欣赏，报之以爱抚，妻子会甜蜜满怀，心甘情愿做任何家务活。

人生妙悟：

一句动听的话，一个赞美的眼神，都可以让你的家庭美丽无比。

轻松应对矛盾

【 宽容是善待爱情的最佳方式 】

生活中，男女之间的矛盾大多只是一时之气，由于面子，谁都不想让步。其实，一方若用曲折委婉的方式来暗示自己对对方的深情和期待和解的心情，对方便会积极配合、顺台阶下的。

一对年轻夫妻吵架了。妻子无法忍受，一脸泪水地吵着要回娘家。她一边哭，一边收拾行李。

丈夫气冲冲地把一叠钱甩在桌上说："这是路费！"

妻子拾起钞票数了数，撇嘴说："就这么一点钱，只够单程车票呀！"

丈夫一听，心头一热，禁不住一把抱住妻子。

风趣幽默是处理矛盾的润滑剂，它可以轻松化解不愉快。

一位妻子做好晚饭后，丈夫很晚才回家。气急中，她本想对丈夫发脾气，却听到丈夫说："知道你今晚一定又做了美味佳肴，因此我要把午饭消化完才回来尽情享受啊！"妻子忙改变态度，消融脸上的冰霜："好呀，既然你这么油嘴滑舌，就罚你再讲一个笑话才许吃饭！"

有时，在对方恼怒时，我们可以适当地故意跟随双方的举动，让她明白你的歉意、关爱。

张先生下班回家，发现妻子正在收拾行李。

"你在干什么？"他问。

"我再也待不下去了，"她喊道，"一年到头，老是争吵不休，我要离开这个家！"

张先生困惑地站在那儿，望着他的妻子提着皮箱走出门去。忽然，他冲出房间，从架上抓起一只皮箱，也冲向门外，对着正在远去的妻子喊道："等一等，亲爱的，我也待不下去了，我和你一起走！"

妻子听到丈夫这句既可笑又充满对自己爱心与歉意的话，一笑，回来了。

恋人、夫妻之间由于性格不同、意见相左等种种因素的影响，难免会吵架怄气，甚至发生冲突。有人可能会认为主动与对方和解是一件很没面子、很伤脑筋的事，其实，讲和的方法多种多样，只要使用得当，不仅能顾全双方的颜面，而且能使双方的感情在经历了一次考验后变得更加成熟和深厚。

宽容是善待爱情、婚姻的最好方式，充分理解对方的行事做法，不苛求不责备，如此，必然给对方以爱的源泉，婚姻一定如童话般妙趣横生，和美幸福。

两个人共同生活，都会遇到一些矛盾，心理健全的人可以承受住一般的抱怨而不会使情感出现裂缝。但长期的责备、争执所产生的压力，常常会拖垮对方。因此，爱人之间最重要的基础是宽容、尊重、信任和真诚。即使对方做错了什么，只要心是真诚的，是善意的，就应该重过程、重动机而轻结果，这样才能有家庭的和睦，夫妻的恩爱。

固然，矛盾是有一定原因的，生活中的烦恼、工作上的挫折，严重地影响着人们享受生活的心情。分析一个人的心理，找出这些打击，并且引导它们发泄出去，这是消除它的最好方法。以批评、吹毛求疵的方式来发泄，只不过是火上浇油而已。

想轻松应对矛盾吗？以下是四个可能对你有益的建议：

1. 取得你爱人和家人的合作。

2. 想办法使用温和的方式达成目的。

3. 培养一种幽默感。

4. 冷静地对待重大的不愉快事件。

人生妙悟：

有了矛盾，双方应该彼此宽容，共同为相互间的和好做出努力，而不要因为一时之气导致两人越走越远。

爱能改写悲剧

【 爱之花，永远不会凋零 】

有个男子，三十几岁就得了癌症。

恰好那一阵子金鱼也得了致命的"传染病"，家家养的金鱼都死了不少。

男子挺感伤，就天天对着鱼缸里的金鱼说闷话："金鱼和人一样，也会得癌症……人和金鱼一样，也会死的……"

可奇怪的是，别人家的鱼都死了，他家的鱼却越长越精神……

他于是得到了力量，病也在不知不觉中好了不少。

其实他一点儿也不知道：每当他妻子发现某条鱼不精神了，她就满世界地找，然后买一条大小相似的鱼换上。

一天又一天，妻子瘦了，憔悴了。

终于有一天，那男人在鱼市买鱼时知道了这一切。

卖金鱼的老人告诉他：有个女人常到这儿来，还常常泪汪汪地托我给她带一条什么什么样的金鱼，要是带不来，就哭得格外伤心……

男人听到这儿，眼里已盈满了泪。

回家后他找到妻子，一把搂过她，紧紧地抱着……

后来，他就精心照料着那些可爱的小生命。那些鱼挺争气，越长越美丽……

再后来，那个男子的病，竟奇迹般地好了！

爱就是这么神奇，它是生命的动力。人生中有无数原本是悲伤的故事，都被它改写了结局。

从前，有一个年老的富翁，他要三个儿子都花一年时间去游历世界，回来之后看谁做了最高尚的事情，谁就是财产的继承者。

一年后，三个儿子陆续回到家中，富翁要三个人都讲一讲自己的经历。

大儿子得意地说："我在游历世界的时候，遇到了一个陌生人，他十分信任我，把一袋金币交给我保管。可是那个人不久意外去世了，我就把那袋金币原封不动地交还给了他的家人。"二儿子自信地说："当我旅行到一个贫穷落后的村落时，看到一个可怜的小乞丐不幸掉到湖里了，我立即跳下马，从湖里把他救了起来，并留给他一笔钱。"

三儿子犹豫地说："我没有遇到两个哥哥碰到的那种事，在我旅行的时候遇到了一个人，他很想得到我的钱袋，一路上千方百计地害我，我差点死在他手上。可是有一天我经过悬崖边，看到那个人正在悬崖边的一棵树下睡觉，当时我只要抬一抬脚就可以轻松地把他踢到悬崖下。我想了想，觉得不能这么做，正打算走，又担心他一翻身掉下悬崖，就叫醒了他，然后继续赶路了。后来，我在森林里遇到了一只野狼，是那个人及时赶来，拔刀杀了狼。他说，是我的爱唤醒了他的灵魂。这实在算不了什么有意义的经历。"

富翁昕完儿子们的话，点了点头说道："诚实、见义勇为都是一个人应有的品质，称不上是高尚。有机会报仇却放弃，反而帮助自己的仇人脱离危险的仁爱之心才是最高尚的。我的全部财产都是老三的了。"

爱，是心灵的产物。它犹如温柔而强大的阳光，能驱散世上的一切灰暗、阴郁。打开心窗，倾心去爱，我们就能得到爱的甜美和芬芳。

人生妙悟：

爱具有伟大的力量，它是一切生命的动力，是人生悲剧的改写者。

挤点时间给家人

【 家并非旅店，它需要你的关爱、呵护 】

一位父亲下班回家很晚了，又累又烦，他发现 5 岁的儿子正站在门口等他。

"我可以问你一个问题吗？爸。"

"什么问题？儿子。"

"爸，你一小时可以赚多少钱？"

"这与你无关，你为什么问这个问题？"父亲生气地说。

"我只是想知道，请告诉我，你一小时赚多少钱？"儿子哀求道。

"假如你一定要知道，我就告诉你：我一小时赚 20 元。"

"喔，"儿子低下了头，接着又说，"爸，可以借我 10 元吗？"

父亲发怒了："如果你只是要借钱去买玩具的话，那就给我回房间睡觉去。好好想想为什么你会那么自私。我每天长时间辛苦工作着，没时间和你玩小孩子的游戏。"

儿子安静地回了自己的房间并关上门。

过了一会儿，父亲平静下来，想着他可能对孩子太凶了——或许孩子真的很想买什么东西，再说他平时很少要过钱。

父亲走进儿子的房间："你睡了吗，孩子？"

"爸，还没，我还醒着。"儿子回答。

"刚才爸爸可能对你凶了，"父亲说，"我不该发脾气——这是你要的 10 元钱。"

"爸，谢谢你。"儿子一边欢叫着一边从枕头下拿出一些被弄皱的钞票，慢慢地数起来。

"为什么你已经有钱了还要？"父亲生气地问。

"因为不够，但我现在足够了。"儿子说，"爸，我现在有 20 块钱了，我可以向你买一小时的时间吗？明天请早一点回家——我想和你一起吃晚餐。"

听完这句话，父亲的眼睛湿润了……

可能我们太忙碌了，大部分时间都用来在外面奔波。时间可以赚取金钱，但也可以换取家庭的欢乐。多给家人一点时间吧，因为有些东西是用钱买不到的。

生活中，许多人都说："等我有钱了，一定要让爸妈上大饭店，去长城、三峡旅游，带老婆孩子去游乐场去公园去海边……"或许，在某一天你会发觉：父母已年老，走不了多少路了，妻子的兴致已淡了，孩子已长大成人了。

多给家人一些关怀、体贴吧。因为亲情是最大的财富，是最有力的支持与保障。没有亲情的人生，不是真正的人生。有了亲情，即便贫困、残疾，也能坦然面对。

家才是温馨的港湾，在遭遇恶劣天气或意外打击时，我们只想朝家飞奔，在走过流浪汉的身边时，我们更加向往家的温暖与安全。

人生妙悟：

亲人之间的相互关爱、支持、鼓励，使我们乐观地面对失意和不幸，使我们勇攀事业的高峰，使我们畅享人生的丰盈。很多时候，我们要抛弃"忙"的借口，常回家看看。

第十一章

你在笑，他才笑

　　你知道吗？快乐是可以传染的，它像一阵春风，一束阳光，一缕芬芳。

　　向他人伸出援助之手，得饶人处且饶人，敞开你的心扉……快乐就来了。

　　真正的快乐，并不是因为自己一个人独享快乐，而是在自己快乐的同时，也能为别人带来快乐。

　　学会分享，让爱洒满人间，快乐便会成倍地增加。

助人乃快乐之本

【 学会助人，才能懂得快乐的真谛 】

杰克是一位医术高明的外科医生。

　　他总是忙于治病救人，尽管常常感到喉部疼痛，他却没有时间给自己做详细的检查，只是草草地吃些止痛药。有天下午，他的喉部实在太疼了，他只好去检查，结果得知他患了喉癌！

　　天哪！难道就这样完了吗？灾难使杰克一度情绪低落，陷入深深的痛苦之中。日子一天天过去了，躺在病床上的杰克问自己，我就这样从世界上消失了吗？我还有很多事情没有做，还有很多病人等着我，如果我能多活一天，就可以为更多的人减少痛苦。哪怕只有一个明天，我也要活得有意义。

　　杰克下了病床，回到他的办公桌前，重新开始为人们治病。他变得更快乐、更谦和，也更懂得珍惜所拥有的一切。在勤奋工作之余，他从没有放弃与病魔搏斗。就这样，他已平安度过了好几个年头。

　　人们问，是什么神奇的力量在支撑着他。杰克笑着答道："助人也是助己啊。几乎每天早晨，我都给自己一个希望，希望我能多救治一个病人，希望我的笑容能感染每一个人。"

　　助人是快乐的源泉，为他人带来快乐的同时，我们自己也会处于快乐的包围之中。

　　有一颗给予的心、助人的心，春天将永远驻守在那里，快乐也永远不会离去。付出快乐最多的人，往往获得也最多。

人生妙悟：

　　助人乃快乐之本。心中有爱，予人快乐，就会予己快乐。

会分享，也会分担

【 没有人分享的人生是孤独的、痛苦的 】

一位老教授的花园里，鲜花都开放了，十分诱人。附近上学的孩子们常常抄近路穿过他的园子，把这些花几乎摘了个精光。一天早晨，当孩子们正路过时，一个男孩问教授："我能拿一枝花吗？"

"你想要哪枝？"教授问。孩子选了一枝最洁白的郁金香。教授继续说："它是你的花。如果把它留在这里，会开放许多天。如果现在就把它摘下来，那么只能欣赏几个小时。你说该怎么办呢？"

孩子沉思了片刻，说："我要把它留在这儿，以后再来看它。"

那天下午，教授又让 12 个孩子停下来挑选他们的花，每个人都同意将他们的花留在花园里直到枯萎。那年春天，教授送掉了他的整个花园，没损失一朵花，却交了许多朋友。

生活中，常常如此。你分享给别人的东西越多，你获得的东西就越多。你把幸福分给别人，你的幸福就会更多。

同时，如果你把苦难和不幸告诉一个朋友，你会感到原有的因不幸而给自己造成的痛苦减轻了许多，愁虑的心情也舒展了不少。有不开心的事说与别人，你会感觉轻松许多。如果听的人用如涓涓细流的话安慰你，用温情脉脉的眼神向你表示同情和鼓动，你就会一下子把不开心的事抛到脑后，感到从来就没什么大不了的事。

生活中，有许多孤独的人渴望爱和友谊，但是他们似乎根本得不到它们。有些人用消极的心态排斥他们所寻找的东西；另一些人则蜷曲在他们狭小的天地里，不敢冲出去。他们只是幻想什么美好的东西会来到他们的身边。但即使他们得到了这些东西，他们也绝不会与别人共享。他们一点都不懂得：如果不把自己拥有的美好而称心的一部分东西分给别人，那些东西就会不断减少。

　　快乐和痛苦都要有人分享。没有人分享的人生，无论面对的是快乐还是痛苦，都是一样平庸。

　　我们常有这样的体验：当我们因为某一件事而快乐或痛苦，于是会迫不及待地告诉亲人或朋友，让他们分享快乐或从他们那里求得安慰。其实，每个人的内心都有脆弱、孤独的一面，大喜大悲都自己承受，只会给自己增添些许皱纹和几缕白发。如果没有分享，快乐便不再是快乐，痛苦却变得更加痛苦。

人生妙悟：

　　分享快乐，快乐加倍。分担痛苦，痛苦减半。

　　海伦·凯勒曾经写道：任何人出于他的善良的心，说一句有益的话，发出一次愉快的笑，或者为别人铲平粗糙不平的路，这样的人就会感到欢欣是他自身极其亲密的一部分，以致使他终身去追求这种欢欣。

学会善意地批评

【 让批评也顺耳，才能让对方心悦诚服 】

美国总统柯立芝任职期间，有一次曾对女秘书说："你这套衣服很漂亮，使你显得更有魅力。"女秘书意外之余，又十分兴奋。因为总统一向沉默寡言，很少热情地赞美人。柯立芝接着说："希望以后你处理的文件像衣服这么漂亮，尤其是标点符号。"

总统并未直接对她提出批评，但这种巧妙的手法让人极容易接受。

一位太太请了建筑工人加盖房间。刚开始几天，每次她回家的时候，总发现院子里乱七八糟，到处是木头屑。由于他们的技术较好，这位太太不想得罪他们，可她也不想让到处摆放的木头屑引来邻居的抱怨。

有一天，她在工人离去之后和孩子把木屑清理干净，堆到园子的角落里。第二天早上，她把领工叫到一旁，对他说："我很满意昨天你们把前院清理得那么干净，没有惹得邻居们说抱怨的话。"从此以后，工人每天完工之后，都把木屑堆到园子的角落里，领工也每天检查前院有没有保持整洁。

许多后备军人在受训期间，最常抱怨的就是头发必须理的规定，因为他们认为自己仍是老百姓，没必要这么苛刻。

一级上士哈理·恺撒正好有次奉命训练一群后备士官，依照旧时一般军人管理法，他大可对那群士官恫吓、警告，但他没有这么做，只是用迂回战术达到批评目的。

他这么说："诸位，你们都是未来的领导者。你们现在如何被领导，将来也要如何去领导别人。诸位都知道军中对头发的规定，我今天就要按照规定去理发——虽然我的头发比你们还短得多。诸位等一下可以去照镜子，如果觉得有必要，我们可以安排时间到理发室去。"

结果，许多人真的去照镜子，并且依照规定理好了头发。

与人相处时，即使别人真的犯下了"不可饶恕"的错误，我们在批评对方的时候也一定要讲求适当的方式。一般人认为，挨批评肯定是苦的，是一件丢面子的事，因为"苦"，受批评者往往要产生抵触情绪，使批评的效果大打折扣，即批评的负效应。有些人能够很恰当地把握批评的方法、尺度，使批评达到春风化雨、甜口良药也治病的效果。

批评他人的过失，应该让对方心悦诚服地接受批评，改正错误，并由此受到激励。

下面告诉你一些批评的技巧：

1. 会换位思考，不可羞辱对方，让人失去尊严。

2. 点到即收，不可无休无止。

3. 不揭伤疤，不吹毛求疵。

4. 从批评自己开始。

5. 学会先表扬后批评。

6. 语气要委婉，会旁敲侧击。

7. 在批评中提出建设性意见。

人生妙悟：

让你的批评如甜口良药、春风化雨，你就成功了一大半。

得理也饶人

【 得饶人处且饶人，天地自然宽阔 】

苏东坡年轻的时候曾有一个朋友章惇，后来做了宰相，执掌大权。他把持政局时，把苏东坡发配岭南，又贬至海南。后来，苏东坡遇赦北归。章惇却被放逐到岭南的雷州半岛。东坡就给他写了封信，说："听到这个消息，我很惊叹，这么大年纪还得浪迹天涯，心情可想而知，好在雷州一带虽偏远，但无瘴气。"还安慰他的老母亲，并对他儿子说过去的就别提了，多想想将来云云。苏东坡如此大度，章惇自是羞愧不已，一家人都对苏东坡心存感激。

得理且让人，体现了苏东坡的肚量。给他人一个台阶下，也赢得了对方的真心尊重。

有个农场主的牛偷吃了农夫家的庄稼，农夫没通知他就把牛杀了。农场主很气愤，决定去找农夫算账。

半路上农场主和仆人遇到寒流，两人差点冻僵了。他们到达农夫家门口时，农夫不在家。农夫的妻子热情地邀请两位客人进去烤火，等待她丈夫回来。农场主烤火时，看见那农妇十分憔悴，6个躲在桌椅后面的孩子瘦得像猴一样。

农夫回来了，妻子告诉他农场主和仆人是冒着狂风严寒来的。农场主刚要开口说明来意，农夫却和他们握手，留他们吃晚饭。"两位只好吃些豆子，"他抱歉地说："因为刚刚在宰牛，起风了，没能宰好。"

在吃饭的时候，仆人一直等待农场主开口讲杀牛的事，但是农场主只跟这家人说说笑笑，孩子们一听说从明天起几个星期都有牛肉吃，便高兴得大声欢呼。

饭后，寒风仍在怒号，主人夫妇一定要两位客人住下。两人于是又在那里过夜。

第二天早上，两人喝了黑咖啡，吃了热豆子和面包，肚子饱饱的上路了。

农场主对此行来意依旧闭口不提。仆人就埋怨说："我还以为你为了那头牛要来惩罚他呢。"农场主半晌不作声，最后回答："我本来有这个念头，但是我后来又盘算了一下，你知道吗？我实际上并未白白失掉一头牛。我换到了人情。世界上的牛何止千万，人情却稀罕。"

在与别人交往的时候，我们要能够做到"得饶人处且饶人"、"有理让三分"。

宽容就是潇洒。"处处绿杨堪系马，家家有路到长安。"宽厚待人，容纳非议，乃事业成功、家庭幸福美满之道。事事斤斤计较、患得患失，活得也累。难得在人世走一遭，潇洒最重要。

宽容就是忍耐，对同事的批评、朋友的误解，过多的争辩和"反击"实不足取，唯有冷静、忍耐、谅解最重要。有句名言说："宽容是在荆棘丛中长出来的谷粒。"能退一步，天地自然宽。

人生妙悟：

得理也饶人，让你如此美丽！

与人为善，与己方便

【 利人是为利己 】

春秋时，梁国大夫宋就驻守在与楚国接壤的边境。梁楚两国的士兵在军营周围都种了瓜，各自都记了棵数，梁国这边的士兵勤于浇灌，所以瓜长得很好；楚国这边由于浇灌不勤，瓜长得不好。楚国士兵妒忌梁国的瓜长得好，于是乘黑夜摸到梁国的瓜地骚扰了一通，结果，瓜全部枯死。梁国的士兵发现后请求对楚人进行报复。宋就说："啊！这是什么话？这是结怨招祸的行为呀。"下令梁国卫士悄悄为楚国瓜地浇灌，不要让对方知道。等到楚国的士兵来看瓜时，都已浇灌过了，这样，瓜长得一天比一天好。

楚国的士兵感到奇怪，于是就偷偷地观察，这才发现是梁国士兵干的。楚王知道这件事后十分高兴，他对梁国人这样崇尚礼让非常钦佩，深受感动，于是，派人送去许多金钱表示道歉，并且要求和梁王结交。后来，楚王经常称道梁王讲信义、尚礼让。梁、楚两国友好相处，就从宋就处理这件事开始了。

可见，与人为善，能化解矛盾的摩擦，拉近人与人之间的关系。所谓"我敬人一尺，人敬我一丈"。

在亚热带，有三种动物非常有意思：毒蛇、青蛙和蜈蚣。毒蛇的主要食物是青蛙，青蛙却以有毒的蜈蚣为美食，在青蛙面前是弱者的蜈蚣却能够使比自己体形大得多的毒蛇毙命，一般的毒蛇对蜈蚣都无可奈何。

有趣的是冬季里，捕蛇者却在同一洞穴中发现三个冤家相安无事地同居一室，和平相处地生活。他们经过世代的自然选择，不仅形成了捕食弱者的本领，也学会了利用自己的克星保护自己的本领：

如果毒蛇吃掉青蛙，自己就会被蜈蚣所杀；而蜈蚣杀死毒蛇，自己就会被青蛙吃掉；青蛙吃掉蜈蚣，自己就成为毒蛇的盘中餐。这样一来，为了生存，青蛙不吃蜈蚣，以便让蜈蚣帮助自己抵御毒蛇；毒蛇不吃青蛙，以便让青蛙帮助自己抵御蜈蚣,蜈蚣不杀毒蛇,以便让毒蛇帮助自己抵御青蛙。三者相克又相生。

这种奇妙的局面不得不令人叹服。为他人,其实也是为自己。

我们与人相处时,难免会起纠纷,若只想占便宜,损人利己,即势必会两败俱伤。须知让一步海阔天空,与人为善,也是与己方便。

人生妙悟:

得饶人处且饶人。多一分宽容、理解,少一分争执、仇恨,才是做人的大智慧、大境界。

赠弱者一缕阳光

【 爱是幸福之源 】

俄国大作家屠格涅夫曾在文章中写道：

我走过街头，一个老态龙钟的乞丐把我拦住，红肿的、泪水模糊的眼睛，青紫的嘴唇，褴褛的衣衫，污秽的伤口……啊，贫穷把这个不幸的生命噬啮得多么丑陋！他向我伸来一只通红的、浮肿的、肮脏的手，他喃喃地乞求帮助。我摸遍了全身的口袋，没有钱包，没有怀表，甚至连手绢也没有……我身上一无所有。而乞丐在等待，他那只向我伸来的手微微摇晃和颤抖着。

情急之下，我紧紧地握住这只肮脏的颤抖的手："不要见怪，兄弟，我什么也没带。"乞丐用他红肿的双眼注视着我，那青紫的嘴唇挤出一丝笑意——于是他也同样紧握了我那冰凉的手指。"没关系，兄弟，"他吃力地咕哝着，"还是要谢谢你，这也是施舍，兄弟。"我明白，我也得到了他的施舍。

关爱并非只有金钱才能表达，同情、安慰，同样弥足珍贵。用爱心温暖他人的人，他的生命一定是闪烁着光彩、充满着喜悦的。

每到月底，一位青年都会到邮局去给某扶贫基金会邮一笔捐款。

一天，当青年再一次走进邮局时，工作人员问："你不是已经失业了吗？怎么还来汇款？"

"我是失业了，但我还没有失掉良心呀！这汇款我想我会坚持邮下去的。"青年平静地说。

"那你就得压缩生活开支了吧！"

"是的，但那没什么，只要肚子里不饿，身上不冷就行。"依旧一脸的平静。

"能告诉我你几年如一日坚持汇款的原因吗？"

"当然，"青年苍白的脸变得红润起来，显然那是因为激动，"在我刚上大学时，由于家里发生了意外，无力支付我的学费，就在我绝望时，一位好心的孤寡老人伸出了援助之手，使我得以继续完成学业。但在我还来不及报答他时，他便离开了人世。所以，从毕业后到现在，我每月都要邮出一笔钱，既是为了报答老人，也是为了心灵的平静……"

老人帮助了青年，青年又继续帮助那些不幸的人。爱，是可以这样延续下去的。

世上许多不幸的人迫切需要别人的劝慰与帮助。我们可以多谈谈对方关心，感兴趣的事，以转移对方的注意力，减轻其精神负担。关爱如雪中送炭，能给不幸者以温暖、光明和力量，给他们以援助，是为人处世的一种美德。

由于不幸的原因有些是先天的，因此对由于先天性缺陷或出身、门第被人歧视的不幸者，劝慰时应该多讲些有类似情况的人的成功事例，鼓励对方不向命运屈服，树立乐观向上的积极态度。

人生妙悟：

人人都会陷入不幸的境地。今天，你伸出手给我，明天，或许他会如此对你。雪中送炭，让世界更温暖更光明。

让爱洒满人间

【 小小善行，会铸就大爱的人生舞台 】

在火车将要启动的时候，一个人急匆匆地上了车，可是他的一只脚被门夹了一下，鞋子掉了下去。火车开动了，这个人毫不犹豫地脱下另一只脚上的鞋朝第一只鞋掉下去的方向扔了下去。

有人迷惑不解地问他为什么要这样做。他说："如果一个穷人正好从铁路旁经过，他就可以捡到一双鞋，这或许对他很有用。"这个人叫甘地，在印度，他被尊称为"圣雄"。

一位医生，在偏远的山区行医，治好了一个穷苦的山里人，却分文未取。后来，那山里人砍了一捆柴，不辞辛劳地走了几天山路，把那捆柴背到医生家里，以谢医治之恩。殊不知，在医生所住的城市里，早已没有"烧柴"这个习惯了。

然而，那捆枯去的老枝，一定是那位医生在其行医生涯中，收到的最贵重的礼物。

一个瞎子在路上走。另外一个人过来把他引上正路。可是瞎子却不知道他的指路人是谁。

一个人正在酣睡。忽然一条毒蛇昂着头向他爬了过来。另一个人赶过来一刀把毒蛇杀死，可是酣睡者却依然在梦中。

半夜时分，当躺在寺里生病的旅行者发出沉重呻吟的时候，有一个人一直服侍他到天明。清晨，旅行者死了。可是他始终没认清这位帮助他的人是谁。

他走在路上，把水果送给孩子们，在沙漠中把水送给了一位渴得要死的人，把自己的干粮平分给饥饿者。可是，谁也不与他相识。

他把荆棘和碎石从大路上除掉。可是早晨当人们在这条大路上行走的时候，谁也不知这是他干的，谁也不认识他。

有时候，一个发自仁慈与爱的小小善行，会铸就大爱的世界。

善待社会，善待他人，并不是一件复杂、困难的事，只要心中常怀善念。生活中的小小善行，不过是举手之劳，却能给予别人很大帮助，何乐而不为呢？给迷途者指路，向落难者伸出援手，真心祝贺成功者的成功，真诚鼓励失意的朋友，等等，看似微不足道的举动，却能给别人带去力量，给自己带来付出的快乐和良心的安宁。

人生妙悟：

如果人人都能以善心待人，世间便会少很多纷争，多很多关爱。

第十二章

放松自己，活出自我

　　我们常羡慕别人的帅、美、富有、出名，便一味地模仿他。结果，你也许会成为另一个他，可你自己去哪里了？

　　每一个人都有自己的特色，走别人的路，做别人的影子，会迷失自己。

　　掌握自己的方向，开创自己的道路吧。也许这路很狭窄，很单调，路上长满荆棘，但那是属于你自己的一条路。

　　尽头处，有如诗如画的美景，有无垠的海阔天空。这一切，都是你的。

坚持做不盲从的人

【 要用自己的眼睛看世界 】

　　大自然中，有一种奇怪的虫子，叫列队毛毛虫。法国昆虫学家法布尔曾经仔细研究过这些毛毛虫。它们从卵里孵化出来之后，就成群集结在一起生活。在外出觅食时，通常是一只队长带头，其他的毛毛虫便用头顶着前一只伙伴的屁股，一只贴一只排成一列或两列前进，这队伍的最高纪录是 600 只。为预防自己不小心走岔路跟丢了，它们还一面爬一面吐丝。等到吃饱了，它们又排好队沿原路返回。

法布尔先把队长拿走，但后边的一只迅速补上，继续前行；又把它们的丝路切断，虽然会暂时把它们分开，但后边的那队会到处闻，到处找，只要追上前边的队伍，马上就会合二为一。

法布尔所做的实验中，最有意思的是引诱毛毛虫走上一个花盆的边缘。毛毛虫一走上去就沿着边缘前进，一面走一面吐丝。令法布尔惊讶的是，这群毛毛虫当天在花盆边缘一直走到筋疲力尽才停下来，其间曾经稍作休息，但是没吃也没喝，连续走了十多个小时。

第二天，守纪律的毛毛虫队列丝毫不乱，依然在花盆边缘上转圈，没头没脑地跟着前边走。第三天，第四天……一直走了一个星期。所有的虫子几乎要累死、饿死了。第八天，有一只毛毛虫掉了下来，这一群虫子才重返家园。

虫子的盲从是多么的可笑、可悲！其实，放眼世界，人又何尝不是如此？起哄，跟风，随大流，亦步亦趋，凑热闹，是许多人做人做事的惯例。

有一个寓意深刻的笑话：

一场多边国际贸易洽谈会正在一艘游船上进行，突然发生了意外事故，游船开始下沉。

船长命令大副，紧急安排各国谈判代表穿上救生衣离船。可是大副的劝说失败。船长只得亲自出马，他很快就让各国的代表都弃船而去，大副惊讶不已。

船长解释说："其实很简单。我告诉英国人说，跳水是有益健康的运动；告诉意大利人说，不那样做是被禁止的；告诉德国人说，那是命令；告诉法国人说，那样做很时髦；告诉俄罗斯人说，那是革命；告诉美国人，我已经给他上了保险；告诉中国人，你看大家都跳水了。"

我们从笑话中可以看出，许多中国人是喜欢随大流、看别人怎么做自己怎么做的。盲从是中国人习性中的一种，不能说它是一种弊病，我们民族历史上曾无数次爆发出和凝聚起巨大能量的热情，是世界上任何别的民族无法比拟的。正是这种热情，使中国历史的巨轮永远朝代表最广大人民群众利益的方向驶进。这倒不是我民族每个人都觉悟高，明察大是大非，很多人其实并不清楚事情的前因后果，他们是被一些先知引导，半信半疑中见许多别的同胞以高昂的热情参与到这件事情里，于是不甘居人后，积极性情绪高涨，也迅速投身于这场运动中。也就是盲从心理驱使他们投身于一次次历史的重大变革中，而使"弄潮儿"一下有了无比巨大的力量，一举掀翻了旧的势力、旧的统治阶级。

但在和平年代，盲从极易使人丧失主见，丧失独立作业的思想，扼杀个性，扼杀创新思维，使经济发展因缺乏新的技术变革人才而发展迟缓，这也是我国多项技能都落后于世界的原因之一。可见盲从过度并不是好现象。

"横看成岭侧成峰，远近高低各不同。"凡事绝难有统一定论，谁的"意见"都可以参考，但永不可代替自己的"主见"，不要被他人的论断束缚了自己前进的步伐。追随你的热情、你的心灵，它们将带你实现梦想。

遇事爱盲从、没有主见的人，就像墙头草，东风东倒，西风西倒，没有自己的原则和立场，不知道自己能干什么、会干什么，自然与成功无缘。

人生妙悟：

缺乏自信心、盲从他人，往往给自己带来损失或伤害我们。要想在生活中、事业上有所成就，就必须摆脱盲从众人的不良习惯，善于用自己的眼睛看世界，用自己的头脑想问题，想人之所未想，见人之所难见，为人之所不能为，并坚信自己终究会达到目的，获得成功。

做本色的"我"

【 做自己才能成功 】

有一位青年毕业于哈佛大学，他没有像他的大部分同学那样，去经商发财或走向政界成为明星，而是选择了宁静的瓦尔登湖。他在那儿搭起小木屋，开荒种地，看书写作，过着原始而简朴的生活。他在世 44 年，没有女人爱他，没有出版商赏识他。生前在许多事情上很少取得成功。他写作、静思，直到得肺病在康科德死去。他就是著名的《瓦尔登湖》的作者梭罗。

梭罗博物馆在网上作了份调查：你认为梭罗的一生很糟糕吗？共有 467 432 人做了回答，其结果是：92.3%的人回答说"不"；5.6%的人回答说"是"；2.1%的人回答说"不清楚"。于是该博物馆采访了一位作家，作家说："我天生喜欢写作，现在我做了作家，我非常满意，梭罗也是这样，我想他的生活不会太糟糕。"

他们又采访了一位商人，商人说："我从小就想做画家，可是为了挣钱。我却成了一位画商，现在我天天都有一种走错路的感觉。梭罗不一样，他喜爱大自然，他就义无反顾地走向了大自然，他应该是幸福的。"接着他们又采访了纺织工人、学生、服务员，其中有一人说："别说梭罗的生活，就是凡·高的生活，也比我现在的生活值得羡慕，因为他们都活在自己的理想世界中，都做着自己天性中该做的事，他们是自己真正的主宰，而我却在为了过上某种更富裕的生活，在烦躁和不情愿中日复一日地忙碌。"

1888 年，法国巴黎科学院收到的征文中有一篇被一致认为科学价值最高。这篇论文附有这样一句话："说自己知道的话，干自己应干的事，做自己想做的人！"这是在妇女备受歧视和奴役的 19 世纪，走入巴黎科学大门的第一个女性，也是数学史上第一个女教授——38 岁的俄国女数学家苏菲柯瓦列夫斯卡娅的杰作。

　　今天，盲目从众已在社会中立足。认识自己的独特性已经同每个人的生存质量紧密相连。竞争的年代，不仅是才能的竞争，更是个性的竞争，你不清楚自己的独特之处，不了解自己潜在的优势、就很难凭真本事去参与竞争，就很难在择优的环境显出实力，那么你的愿望就只能是愿望。要想不被别人牵着走，只有认真地剖析自我，确认自我，勇敢地摔打自我。尽可能开发出自我的价值，使自己真正成为自己，你才能掌握自己的命运，把握住人生的脉搏。

　　做本色的"我"，张扬独一无二，除了自我凝聚、甘于寂寞外，还需要勇气。勇气是为智慧与才干开路的先导；是向高压与陈规挑战的利剑；是同权威和强手较量的能源。

人生妙悟：

　　本真、自我是与生俱来的，一个人即使人生再幸运、事业再辉煌，如果为功名所累失去了自我，那他一生就不能算一个成功的人生。独特性是人的生命力的个体标识。个性需要张扬，而不是泯灭。

走自己的路，让别人去说吧

【 人，要活出自己的风格 】

一群蛤蟆在进行比赛，看谁先到达一座高塔的顶端。周围有一大群蛤蟆在看热闹。

比赛开始了，则听到围观者一片嘘声："太难为它们了！这些蛤蟆不可能达到目的。"

蛤蟆们开始泄气了，可是还有一些蛤蟆在奋力摸索着向上爬去。

围观的蛤蟆继续喊着："太难了！你们不可能到达塔顶的！"

其他的蛤蟆都被说服停下来了，只有一只蛤蟆一如既往继续向前，并且更加努力地向前。

比赛结束，其他蛤蟆都半途而废，只有那只蛤蟆以令人不解的毅力一直坚持了下来，竭尽全力到达了终点。

其他的蛤蟆都很好奇，想知道为什么就它能够做到。

大家惊讶地发现——它是一只聋蛤蟆！

可见一味听信别人，便会丧失自己，而与成功无缘。

上帝曾把1、2、3、4、5、6、7、8、9、0十个数字摆出来，让面前的十个人去取，说道："一人只能取一个。"

人们争先恐后地拥上去，把9、8、7、6、5、4、3都抢走了。

取到2和1的人，都说自己运气不好，得到很少很少。

可是，有一个人却心甘情愿地取走了0。

有人说他傻："拿个0有什么用？"

有人笑他痴："0是什么也没有呀！要它干啥？"

这个人说："从零开始嘛！"便埋头不言，孜孜不倦地干起来。

他获得1，有0便成为10；他获得5，有0便成了50。

他一心一意地干着、一步一步地向前。

他把 0 加在他获得的数字后面，便十倍十倍地增加。终于，他成为一个成功且富有的人。

一个人成功的首要因素便是对自己清楚的定位，因为最了解你的人不是别人，而是你自己，最知道你想干什么的人也不是别人而是你自己。如果因别人的一两句话你就改变自己的初衷，在奋斗路上拼搏了若干年因朋友的一两句建议你就停止前行，把已收获的全部放弃，那你永远也尝不到最甜的那颗胜利果实，永远也登不上"一览众山小"的成功巅峰，徒耗费了大好年华，空留叹息和悔恨。

人生中，我们都有自己的生活方式、自己做人的原则，太在意别人的看法、盲从他人，便会丧失主见，丢掉自己，这样的人生，还有什么意义呢?

人生妙悟：

但丁曾说："走自己的路，让别人去说吧!"我们不能如矮子观戏，人云亦云。活出你的风采来吧!

别跟自己过不去

【 我们需要珍爱自己，善待自己 】

有一位电车长，他的女儿凯丝·达莉从小就喜欢唱歌，并且梦想当一名歌唱演员，但她的牙齿长得很难看。

一次，她在新泽西州的一家夜总会演出，在整个过程中，她总是试图把上唇拉下来盖住丑陋的牙齿，结果洋相百出。演完之后她伤心地哭了。

这时候，台下的一位老人对她说："孩子，你很有天分，坦率地讲，我一直在注意你的表演，我知道你想掩饰的是你的牙齿，难道长了这样的牙齿一定就丑陋不堪吗？听着，孩子，观众欣赏的是你的歌声，而不是你的牙齿。张开你的嘴巴，孩子，观众看到连你都不在乎的话，他们就会对你产生好感的。再说了，孩子，说不定那些你想遮掩起来的牙齿还会给你带来好运呢。"

凯丝·达莉接受了老人的忠告，不再去注意牙齿。从此，她只想着她的观众，她张大嘴巴，热情而高兴地唱着，最后她成了一流的明星。

每个人都是独一无二的，我们要学会接纳自己、喜爱自己，千万别将自己关进自设的心理牢笼中。

现实生活中有很多烦恼的人，对他们来说，忧烦似乎成了一种习惯。有的人对名利过于苛求，得不到便烦躁不安；有的人性情多疑，老是无端地觉得别人在背后说他的坏话；有的人嫉妒心重，看到别人超过自己，心里就难过；有的人把别人的问题揽到自己身上自怨自艾，这无异于引火烧身。

跟自己过不去的真正病源，应当从内心去寻找。大凡终日忧烦的人，实际上并不是遭到了多大的不幸，而是在自己的内心素质和对生活的认识上，存在着片面性。聪明的人即使处在忧烦的环境中，也往往能够自己找到快乐。因此，当受到忧烦情绪袭扰的时候，就应当自问为什么会忧烦，从主观方面寻找原因，学会从心理上去适应你周围的环境。

所以，要在忧烦毁了你之前，先改掉忧烦的习惯。

珍爱自己，是源于对生命本身的崇尚和珍重，珍爱自己，能使人的生命更为健康，使人的精神更加乐观向上。

珍爱自己是生活之真谛，只有珍爱自己，才能珍爱万物，珍爱世界。人要懂得珍爱自己，注重内在的修养、自身的完善，理性地处理身边的一切事情，让自己永远保持自信、快乐、博爱、轻松、自然的心灵状态。

请记住：别跟自己过不去。

人生妙悟：

在暗淡的日子里，有人怨天尤人、自暴自弃，人生越发阴沉；有人坦然处之，擦亮眸子，重新闯出一条路，虽坎坷不平，终迎来人生的艳阳天。

秀出你的光彩

【 是金子，你就要亮出光来 】

清朝光绪年间，孙中山从日本留学回国。传说有一次，他路过武昌总督府，想会见两广总督张之洞。让守门人传进一张便条去。张之洞见条子上写着"学者孙中山求见张之洞兄"，便问："他是什么人？"

守门人说："一名书生。"

张之洞不太高兴，提笔便在条上写道："持三字帖，见一品官，白衣尚敢称兄弟？"

守门人出来，将条子递给孙中山，孙中山一看，也在便条上写道："行千里路，读万卷书，布衣也可傲王侯。"

守门人又将条了传了进去，张之洞一看，连忙说："请！"

就这样，孙中山以自己的才华、豪情，敲开了总督府的大门。

今天，时代要求我们展现自己的才华，"秀"出自己的光彩来。

某所学校有个女孩，她极有才华，口才与文采无人与之比肩。大学毕业后，在学校的推荐下去了一家小有名气的公司工作。谁知就是这样一个让学校都引以为豪的人物，在公司工作不到半年就被炒了鱿鱼。

原来，在这个人才济济的公司里，每周都要召开一次例会，讨论工作计划。每次开会很多人都争先恐后地表达自己的观点和想法，只有她总是坐在那里一言不发。她原本有很多好的想法和创意，但是她有些顾虑，一是怕自己刚刚到这里便"妄开言论"，会被人认为是张扬，是锋芒毕露；二是怕自己的思路不合上司的口味，被人看成是幼稚。在沉默中她度过了一次又一次激烈的争辩会。

有一天，她突然发现这里的人们都在力陈自己的观点，似乎已经把她遗忘在那里了。于是她开始考虑扭转这种局面，但这一切为时已晚，没有人再愿意听她的声音了。在所有人的心中，她已经成了一个没有实力的花瓶人物。最后，她终于因自己的过分沉默而失去了这份工作。

生活中，我们不可一味地谨慎、谦让，总是对别人说"我不行"、"我不够格"，日子久了，你的才华和潜力会被埋没，他人对你的印象也会定格。

今天，表现自己、推销自己、显露自己已成为一大趋势，这并非与谦逊水火不容。"秀"出你独特的光彩，施展你非凡的才华，人生舞台上你才能赢取更大的成功。

"千里马常有，而伯乐不常有。"这句话告诉我们应该善于表现自己，"秀"自己，让自己在芸芸众生中脱颖而出进入"伯乐"的法眼，从而获得展现自己价值的平台。

人生妙悟：

适时秀出你的个性、风采，你将向机遇越走越近。

不做别人的影子

【 做好自己，即是最大的成功 】

人们来到弗里吉亚城的朱庇特神庙，都会去看戈迪阿斯王的牛车。人们交口称赞戈迪阿斯王把牛轭系在车辕上的技巧。

"只有很了不起的人才能打出这样的结。"有人说。

"你说得很对，但是能解开这结的人更加了不起。"庙里的神使说。

"为什么呢？"

"因为戈迪阿斯不过是弗里吉亚这样一个小国的国王，但是能解开这个结的人，将把全世界变成自己的国家。"神使回答。

此后，各个国家的王子和政客都想打开这个结，可连绳头都找不到，他们根本就不知从何着手。

一位年轻的国王亚历山大，从遥远的马其顿来到弗里吉亚。他征服了整个希腊，他曾率领不多的精兵渡海到过亚洲，并且打败了波斯国王。

"那个奇妙的戈迪阿斯结在什么地方？"他问。

于是人们领他到朱庇特神庙，那牛车、牛轭和车辕都还保留着原样。

亚历山大仔细察看这个结，也没有找到绳头。

亚历山大对身边的人说："过去许多人打不开这个结，都是陷入了一个窠臼，都认为只有找到绳头才能将结打开。我也找不到绳头，可是那有什么关系？"说着，他举起剑来一砍，把绳子砍成了许多节，牛轭就落到地上了。

亚历山大说："这样砍断戈迪阿斯打的结，有什么不对？"

接着，他率领他那人马不多的军队去征服亚洲了。

生活中，有许多人总喜欢跟在人后亦步亦趋，但世界上最需要的却是那些有创造力的人，只有他们才能够离开走熟了的途径，闯入新境界。

我们应做一个具有创新精神的人。每个人都应该以创造的方式，去做他

与众不同的工作。成功不能从模仿中得来，是必须经过创造得来的。一个人一旦丧失个性，就会失败。

有位诗人道格拉斯·马洛奇这么说：

如果你不能成为山顶的一株松，

就做一棵小树，生长在山谷中，

但须是最好的一棵。

如果你不能成为一棵大树，

就做一棵灌木。

如果你不能成为一棵灌木，

就做一叶绿芽，让公路上也有绿色。

如果你不能成为一只麝香鹿，

就做一条鲈鱼，

但须做湖里最好的一条鱼。

如果做不成船长，

我们就做海员。

世上的事情，多得做不完，

工作有大的，也会有小的，该做的工作，就在你身边。

如果你不能做一条公路，

就做一条小径。

如果你不能做太阳，

就做一颗星星。

不能凭大小来论断你的输赢，

只要你努力做到最好。

诗人都可以耕种自己的田地，收获自家的粮食，你作为一个普通人为什么不能？不必跟着别人，做他人的影子。做好自己，即是最大的成功。

人生妙悟：

一味地追随、仿效他人，做他人影子的人，他不可能获得成功。

解开面子的束缚

【 放下面子，你的人生才更轻松 】

大家都知道"讳疾忌医"的故事，蔡桓公为了自己可笑的尊严和面子，一再否认扁鹊提及他患病的事实，最后，病入膏肓，他再想治疗，已为时过晚。

西方也有一个类似的故事。有一名长跑冠军弗朗西斯，他极看重自己在公众心目中的形象。

弗朗西斯在得了胃病后不愿告诉他人，也不去医院诊治，将病情当成秘密一样倍加守护，唯恐自己给人留下一个弱者的印象。

终于有一天，弗朗西斯再也挺不住了，被家人送往医院。3 天后，他便离开了人世。

主治医生说他不是死于胃病，而是被自己的名气和面子累死的。

真正有胸襟、聪明的人，敢于抛开面子，承担自己的不是。

有位著名的小提琴家在为人指导演奏时，从来都不说话。

每当学生拉完一首曲子之后，他会亲自将这首曲子再演奏一遍，让学生们从聆听中学习自己的拉琴技巧。

他总是说："琴声是最好的教育。"

小提琴家在收新学生时，会要求学生当场表演一首曲子，算是给自己的见面礼，而他也先听听学生的底子，再给予分级。

这天，他收了一位新学生，琴音一起，每个人都听得目瞪口呆，因为这位学生表演得非常好，出神入化的琴声有如天籁。

学生演奏完毕，老师照例拿着琴上前，但是，这一次他却把琴放在肩上，久久不动。

最后，小提琴家把琴从肩上拿了下来，并深深地吸了一口气。接着满脸笑容地走下台。

这个举动令所有人都感到诧异。

小提琴家说："你们知道吗？这个孩子拉得太好了，我恐怕没有资格指导他。最起码在这首曲子上，我的表演将会是一种误导。"

这时大家都明白了他宽阔的胸襟，纷纷鼓掌，将敬意送给学生，更送给这位小提琴家。

每个人都会有不足，有短处。每个人都会犯错误，尤其是当你精神不佳、工作过重、承受太沉重的生活压力时。这些是很普通的事情，关键是我们要用正确的态度对待它。"有则改之，无则加勉"，只有放下面子，不再固守所谓的自尊，人才能坦诚地面对自己、面对别人。

人生妙悟：

有句老话："死要面子活受罪。"面子可以要，但一味地要面子，就成困缚我们自身的绳索了。

把嘲笑照单全收

【 对讥讽、嘲笑淡然处之的人，是真正的智者 】

美国伊诺州的康农，在他初任众议院的议员，当众讲演时，新泽西代表斐普士说："这位从伊诺州来的先生，口袋里恐怕还装着雀麦呢？"

斐普士的意思是讽刺康农还未脱掉农村气息，而全会场的人听见了，哄堂大笑。

康农却从容不迫地答道：

"我不仅在口袋中装有雀麦，而且头发里还藏着草籽，我是西部人，难免有些乡村气。可是我们的雀麦和草籽，却能长出最好的苗来。"

这虽似自贬身份的反驳，却闻名全国，人们反而恭敬地称呼他"伊诺州最好的草籽议员"。

有一次，著名政治家威尔森在发表竞选演说时，话刚讲了一半，有个反对他的人突然站起来高声喊道："狗屎！垃圾！"打断了他的讲话。很显然，这个人的意思是说威尔森在"讲空话"、"胡说八道"、"臭不可闻"……可威尔森却报以容忍的一笑，说："这位先生，请不要着急，我马上就要讲到你所提出的脏乱问题了。"

于是，高喊的人一下子闭住了嘴巴。

歌德有一天正在路上行走时，碰到一位一直以来指责他作品、挑他作品刺的美学批评家。批评家看到歌德后露出不屑的神色，轻蔑带嘲笑地说："我从来不给蠢货让路！"

"我恰恰相反！"歌德说，说完他退到了路边，让出路给批评家。

可见，他人的嘲笑、讥讽并不可怕，关键是你对待它的态度和方式。

唐代有一名高僧寒山。一天他问好友拾得和尚："今有人侮我，冷笑我，藐视我，毁我伤我，厌恶、恨我，诡谲欺我，则奈何？"

　　拾得答曰："子便忍受之，依他让他，敬他避他，苦苦耐他，装聋作哑，漠然置之，冷眼观之，看他如何结局。"

　　这种大智大勇的生活艺术，值得我们去认真领悟。

　　在现实生活中，我们经常会碰到这样的事情：你身边的人有意或无意嘲讽、侮辱了你，这个时候，你如何去面对呢？最好的办法是淡然处之，表现出一种博大的胸怀。此时如针锋相对，双方矛盾就会加剧，一旦矛盾升级，后果将不堪设想。如果你能忍一时的侮辱，事情过后，对方经过反思后，很可能会改变对你的看法，还有可能与你化敌为友。

　　把嘲笑照单全收，当作人生发动机的燃料，嘲笑便会变成欢笑。

人生妙悟：

　　一位名人说："人生在世，无非是让人笑笑，偶尔也笑笑别人。"你若有博大的胸怀、豁达的心态，那么一切的嘲讽、流言都奈何你不得。

第十三章

给身心泡泡温泉

你是否觉得什么都累，你是否总身心疲惫？

学着让情绪听你的，让压力随风逝去，让心胸开阔起来。

常给身心泡泡温泉，洗个澡，来一次洁净灵魂的沐浴吧。

春风夏雨，秋菊冬雪，给身心自由，去听去看；美丽生活，真挚情感，让身心徜徉，去品去悟吧。

做情绪的主人

【 让快乐的阳光洒满你的心灵 】

有一家人高高兴兴地外出旅行，整个旅途上都很平安顺利，大家也都玩得很愉快。

没想到在回家的高速公路上竟遇上了一场很严重的连环大车祸。虽然全家人都很幸运没受伤，但因为车祸的原因，延迟了五六个小时才回到家。

好不容易到家了，全家人原本陶醉在旅行之中的愉快气氛，早已荡然无存了。他们不断向前来家中拜访的亲朋好友抱怨自己的倒霉，而对旅途中发生的惨事却只字不提。这时候，在一旁静静听着抱怨的老奶奶开口说道："这有什么倒霉的？遇到这么大的车祸，死伤又这样惨重，你们都还能安全地回来，这已经是很大的福气了。你们怎么就没想一想亲人死于车祸的那些人现在是多么得痛苦？与他们相比你们幸运多了。"

今天，生活的节奏加快，大部分人都被烦、忧、怒、惧等情绪困扰着。我们几乎每天都可以这样的牢骚："烦死了！""真没劲！""感觉很累，工作累、生活累、交际累、恋爱累，样样都累。"

一位成功学大师说："每当我被坏情绪包围时，我就这样与之对抗：

沮丧时，我引吭高歌。

悲伤时，我开怀大笑。

病痛时，我加倍工作。

恐惧时，我勇往直前。

自卑时，我换上新装。

不安时，我提高嗓音。

穷困潦倒时，我想像未来的富有。

力不从心时，我回想过去的成功。

自轻自贱时，我想想自己的目标。"

其实，多一分自信，多一分理解，多一分宽容，多一分爱心，多一分冷静，人生将大大改观。

我们要保持积极、乐观、向上的生活态度。生命太短暂，一生不过短短数十年，哪经得起那么多无谓的折腾；同时要学会该舍弃的就丢掉，这也要那也想，须知我们的双肩载不动那么多的金钱、名誉、地位、情感、哀愁和怨恨。干脆地舍弃吧，轻轻松松地上路，多一些时间来听花开花谢，多一些时间来关照日出日落，多一些时间来走向你心中的远方。

人生妙悟：

乐也是一天，忧也是一天。让情绪听你的，让阳光洒满你的心灵吧！

释放压力的秘诀

【 随时减压，人生才能轻松 】

一位大企业的销售部经理，能力极强，也能适应高强度的工作。但他老担心自己的行业会出现泡沫经济，一旦崩溃，优越的地位、收入将化为乌有；又担心自己已步入中年，那么多后生、小辈、新秀都生机勃勃，怎么保住自己的宝座啊？他整天忧心忡忡，似乎世界末日即将来临。

一名成绩平平的中学生，由于高考压力、早恋等，觉得自己快要垮了。他在日记中写道："人为什么要活着，活着能不能为自己……活着是为了别人……"有时候，他想一死了之。

一个女人的眼睛受伤了，她产生了种种可怕的想象：医生们拿起刀子动手术，自己成了盲人；以后会成为废人，进出都要别人搀扶。她几乎要发疯了，日夜难眠。

心理压力，是指由于各种刺激因素所引起的身体不适和精神上的紧张、焦虑、苦闷、烦躁等不良反应。

在生活中，几乎所有的困难、挫折和不幸都会给人带来心理上的压力和情绪上的痛苦，都会使人面临前进与后退、奋起与消沉的困惑，而关键则在于你是否能控制这种情绪，驾驭你心理上的压力。

其实，只要做好自我调节，适当减压，摆正自己的位置，不过高要求自己，也不低估自己的能力，放宽心，多运动，就可以轻松生活。

教你一些妙招：

提出适合自己的合理期望；

工作后与朋友聚餐，与家人读书报、看电视；

哼一首自己最爱的歌；

给自己放个小假；

有规律地锻炼，保证良好的营养；

去做自己最想做的，保持一些兴趣、爱好和消遣；

每天对自己说"我能行"；

生活上更加照顾自己；

上网冲浪，打一会儿游戏；

独处一会儿，让心静下来，闲下来；

做一会儿白日梦；

大哭一场，或砸一个瓶子；

仰望天空，深呼吸；

来一次旅游；

看一场电影。

工作、学习之余，给自己的心灵一点空间，沐浴一些春风雨露，你将永远朝气蓬勃。

人生妙悟：

当你学会随时为自己减压时，你就能卸掉思想的"垃圾"，轻松面对人生了。

用健康亮丽你的人生

【 健康身心，美丽人生 】

身体是工作、学习、生活的本钱。要想拥有美丽的人生，要想外表亮丽引人关注，我们就要首先向内使劲，爱惜自己的身体，善待它、营养它、健康它，愉悦它，它定会很好地回报我们。

20 世纪 40 年代，丘吉尔身为英国政坛的重要人物，事务繁重，但他态度仍十分从容，且都能应付自如。有人曾问他保持充沛精力的秘诀，丘吉尔说："我的秘诀是：当我卸下制服时，也就把责任一起卸下了，在家里，我就像一只破袜子那样放松。"

百货巨子斯伟特每日于晚间 10 时就寝，绝不容别人妨碍他的睡眠。

一天晚上，电话铃声不断作响，仆人唤醒他，并告诉他说：

"电话中报告某百货公司失火，事态严重，请指示应付方针。"

他不愿起身接听，让仆人回复说："有事到明晨 7 点钟再谈！"

他们的做法中，有值得我们借鉴之处。

要想拥有健康的身心，生活中我们需要如下注意。

1. 坚持健身，精力充沛

科学研究证实，适度的运动锻炼能增强心肺功能，加强肌肉力量，增大骨质密度，提高机体的灵敏度和适应力，增强人体的免疫功能和抗病能力，从而使人保持青春的活力，蓄存一种由内而外的长久不衰的美。对一个人来说，游泳、跑步、登山、滑冰、滑雪、武术、划船、骑自行车，以及各种球类活动，都是极好的运动锻炼项目。人们根据各自的兴趣及体质状况加以选择。锻炼时要掌握两个要点：一是适度，二是坚持不懈。

2. 健康饮食、营养均衡

(1)新鲜水果和蔬菜应该占所吃食物中的最大比例，它们含有相当丰富的维生素和高效物质，而人体最容易吸收这些物质。

（2）多食碳水化合物含量高的食物，诸如面包，谷物和马铃薯等。

（3）蛋白质（诸如瘦肉、鱼和乳酪）是非常重要的食品，但不宜吃得太多，每天取用少量即可。

（4）避免油性食物，限制牛油和食用油的食用量，并且少吃油炸食物和糖，像糖果和可乐之类。

此外你还应摄取不同的食物，以供应身体不同的需要，不要偏食，但应该拒绝不当的饮食方法。

3．习惯良好，健康滋润

良好的生活习惯对健康的价值不可低估。可是，在现实生活中，许多人对此却很不以为然。他们无论是生活、娱乐、休息、学习，都缺乏一种规律性，常常是心血来潮、想到什么就做什么。例如，有的人喜欢通宵达旦地下棋、玩牌或者跳舞、看电影，平时吃饭、睡眠都缺乏规律性等。这对身体健康是十分有害的。须知，人体的生命活动是在生物钟的严格控制下有节律地进行运转的。为此，要在饮食、睡眠、学习、工作以及各种生活制度方面养成一种定时、定量的规律性，并保持始终。这样才能形成良好的条件反射，保证身体各种生理功能发挥最佳效应。

4．安心睡眠，松弛身心

睡眠，是最能让人恢复体力，清醒头脑的妙法。劳累时松弛精神，小憩一会儿，也非常有益。

朋友，请记住：健康的身心会使你每天精神抖擞、活力四射，使你青春常驻、容颜不衰，周身散发出一种迷人的气息。

人生妙悟：

善待身心，就是善待人生。健康它，愉悦它，它必定会加倍地回报你。

养一个宰相的肚子

【 海纳百川，有容乃大 】

一天，在开往费城的火车上，一个妇人中途上了车，她走进一节车厢，坐在座位上。对面是一位略显肥胖的男子，正在吸烟。这位妇女禁不住咳了几声，可是，那个男子丝毫没注意到她的暗示。最后，妇人忍不住开口说："你多半是外国人吧! 大概不知道这趟车只有一节吸烟车厢,这里是不让吸烟的。"那个男子一声不吭，掐灭了香烟，扔出了窗外。

这时，列车员过来对妇人说，这里是格兰特将军的私人车厢，请她离开。她听了大吃一惊,心里很害怕,站起身往门口走。而格兰特将军仍像刚才一样，没有给她任何难堪，甚至没有取笑、嘲弄她的神情。

古今中外，许多大人物身上都有大度、宽容的美德，这是他们能够被人们尊重的主要原因。

有这样一个故事：格林夫妇带着两个儿子在意大利旅游，不幸遭劫匪袭击。7 岁的长子尼古拉死于劫匪的枪下，就在医生证实尼古拉的大脑确实已经死亡的 10 个小时内，孩子的父亲立即做出了决定,同意将儿子的器官捐出。4 小时后，尼古拉的心脏移植给了一个患先天性心肌畸形的 14 岁孩子；一对肾分别使两个患先天性肾功能不全的孩子有了活下去的希望；一个 19 岁的濒危少女，获得了尼古拉的肝；尼古拉的眼角膜使两个意大利人重见光明。就连尼古拉的胰腺，也被提取出来，用于治疗糖尿病……尼古拉的脏器分别移植给了亟须救治的六个意大利人。

"我不恨这个国家，不恨意大利人。我只是希望凶手知道他们做了些什么。"格林说，嘴角的一丝微笑掩不住内心的悲痛。而他的妻子玛格丽特的庄重、坚定、安详的面容，和他们 4 岁幼子脸上小大人般的表情，尤其令意大利人的灵魂受到震撼! 他们失去了自己的亲人，但事件发生后他们所表现出来的宽容与大度，令全体意大利人深感羞愧。

生活中，我们要学会宽容、大度。古人说："大度集群朋。"一个人若能有宽宏的度量，他的身边便会集结起大群知心朋友。大度，表现为对人、对事能"求同存异"，不以自己的特殊个性或癖好律人。大度，也表现为能听得进各种不同意见，尤其能认真听取相反的意见。大度，还要能容忍他人的过失，尤其是当他人对自己犯有过失时，能不计前嫌，一如既往。大度，更应表现为能够虚心接受批评，发现自己的过失，便立即改正，和他人发生矛盾时，能够主动检查自己，而不文过饰非、推诿责任。大度者，能够关心人，帮助人，体贴人，责己严，责人宽。

有首打油诗写道："占便宜处失便宜，吃得亏时天自知。但把此心存正直，不愁一世被人欺。"内心正直、胸怀雅量，才能包容万物，才能以仁慈、善良之心看待万物。

那么，如何培养度量呢？

1. 凡是小事，不要太过计较，要原谅别人的过失；

2. 不如意的事来临时，泰然处之，不为所累；

3. 受人讥讽，不要睚眦必报；

4. 学会吃亏，把便宜让给别人；

5. 多看别人的优点，少盯着别人的缺点。

人生妙悟：

俗语说："将军额上能跑马，宰相肚里能撑船。"宽容、大度是一种境界、一种美德，它能使复杂的事情变简单，使人生跃上新的台阶。

笑一笑，十年少

【 笑是治病的偏方，健康的使者，生命的阳光 】

有位县太爷，因患心病整天愁眉苦脸、郁郁寡欢、食不知味，睡眠也不安稳。日子长了，他日渐憔悴。家人到处求医，疗效甚微。有一天，当地一位医术高明的老郎中得知此事，便上门诊病。在为县太爷把脉之后，他一本正经地说："你乃是得了月经不调之症。"县太爷听了笑得前仰后合，说："此言谬也。"便把郎中逐出。后来，县太爷逢人便讲此事，每次都笑声不止。谁知没多久，他的病竟好了。这时他才恍然大悟。其实，正是郎中的"笑疗"治愈了县太爷的抑郁症。

每天早上，在印度孟买的大小公园里，有许多男女老少站成一圈，一遍又一遍地哈哈大笑，这是在进行"欢笑晨练"。印度的马丹·卡塔里亚医生在国内外开设了150家"欢笑诊所"，人们可以在诊所里学到各种各样的笑："哈哈"开怀大笑；"吃吃"抿嘴偷笑；抱着胳膊会心微笑……来治疗心情压抑等心理疾病。

我们生活在世上，承受着巨大的生存压力。我们要确保自身和家庭的生活水准不至于太低，我们要时时提防天灾人祸的发生，我们要面对生老病死的困扰，我们要和形形色色的人打交道……如果我们不懂得调适自己，苦恼、忧愁、烦躁、愤怒、痛苦……这些不良的情绪就会严重地损害我们的身体和精神。要在这个世界上活得幸福，活得健康，活得快乐，最好的方法，就是"笑"。笑，是日常生活的安全阀，它可以减轻或除去有损健康的不良情绪，它让我们怀有与人为善之心，让我们拥有幻想和松弛，在沉重的压力下得到休息，从而让生命变得趣味盎然……

"笑一笑，十年少"，"一笑解千愁"，"乐而忘忧"，经常保持愉快的心情，笑口常开，是大大有益于身心健康的。笑，使肌肉变得柔软，身心在极度放松的状态下，便很难发生焦虑。

笑是一种不分国界和种族的沟通语言，让你不管身处何地都可以因为笑而与人达成沟通与交流。

笑声是一种低热量，不含咖啡因、盐分及其他任何化学添加物的东西；笑声是一种非常纯净而自然，并且适用于任何人身上的东西；笑声是上帝所赋予人类的礼物，你可以随时尽情地大笑而绝对不会有任何副作用。

笑声是会传染的，一旦你开始大笑就很难立刻停止下来。大笑从来都不会让人觉得有罪恶感，许多情况就是以吵架作为开场却以笑声作为和解的。笑声更是一种在施与受之间交流的关系，笑声是一种无价之宝，所以你们可以尽情地开怀大笑，笑面生活。

人生妙悟：

泰戈尔说："世界上的事情最好是一笑了之，不必用眼泪去冲洗。"

生活就像一面镜子，你笑对它，它也会笑对你，选择笑吧，不要让冰霜结在你的脸上。

让怒气随风而去

【 怒火，烧伤别人，也灼痛自己 】

据说苏东坡被贬到瓜州任职时，他常找江对面金山寺的佛印禅师参禅论道。一天，他灵光一闪，得诗四句："稽首灭中天，毫米照大千。八风吹不动，端坐紫金莲。"诗送至佛印处。很快，回信到了。苏东坡急忙打开，诗后面只有一个斗大的"屁"字。他大怒，立即过江去理论。佛印正在江边等候，迎着东坡一笑；"既然八风吹不动，怎么一个'屁'就把你吹过江了呢？"

东坡一愣，怒气顿消。

我们当然做不了"八风吹不动"的人，但要尽量控制自己的情绪，少动怒，少发火。

在古老的西藏，有一个叫爱地巴的人，每次和人起争执生气的时候，就很快地跑回家去，绕着自己的房子和土地跑上三圈，然后坐在田边喘气。

爱地巴工作很勤劳，他的房子越来越大，土地也越来越广。但只要与人争执而生气的时候，他就会绕着房子和土地跑三圈。

大家心里都感到疑惑，但是不管怎么问他，爱地巴都不愿意明说。

后来，爱地巴很老了，他的房子和土地也已经很广大了。一天，他生了气，拄着拐杖艰难地绕着土地和房子走，等他好不容易走完三圈，太阳已经下山了，爱地巴独自坐在田边喘气。

他的孙子在身边恳求他："阿公！您已经这么大年纪了，这附近地区也没有其他人的土地比您的更广大，您不能再像从前，一生气就绕着土地跑了。还有，您可不可以告诉我为什么您一生气就要绕着土地跑三圈？"

爱地巴终于说出隐藏在心里多年的秘密："年轻的时候，我一和人吵架、争论、生气，就绕着房子和土地跑三圈，边跑边想自己的房子这么小，土地这么少，哪有时间去和人生气呢？一想到这里，气就消了，把所有的时间都用来努力工作。"

孙子问："阿公！您年老了，又变成最富有的人，为什么还要绕着房子和土地跑呢？"

爱地巴笑着说："我现在还是会生气，生气时绕着房子和土地跑三圈，边跑边想自己的房子这么大，土地这么多，又何必和别人计较呢？一想到这里，气就消了。"

爱地巴可谓生活的智者，他懂得如何疏泄怒气。

人在极度愤怒时，恶劣情绪会导致人体内分泌发生剧烈变化，产生大量的荷尔蒙或其他化学物，这些都会对人体造成极大的危害。哈力斯特在华盛顿心理实验室做过一个实验，用玻璃管插入冰水中，试验者向管口呼出之气遇冰会凝集于玻璃管中。心理正常者呼出的凝集液透明、无色无毒，而暴怒者的凝集液中含有毒素，呼出一小时的凝集液可毒死多人。

恼怒易发火也容易树敌。不要轻率动怒，置自己或别人于不顾。记住，你反驳了多少人，就有多少人对你不满。

制服愤怒有一些方法：

1. 认清愤怒的来源、想达到的目的，冷静思考别的方法。

2. 用数数、慢跑、无人处喊叫一番来释放它，不要压抑自己。

3. 将心比心，站在对方的立场想问题。

4. 找出获得爱的快乐的方法。

5. 自信一些，豁达一些。

6. 真诚、负责地表达不满，不要用暴力的方式。

7. 对事不对人。

8. 吸取教训，平心静气。

人生妙悟：

人们常说："气大作身后悔迟。"我们要有一颗包容的心，尽量不发脾气，不轻易动怒。心宽，天地亦宽。

与斤斤计较分手

【 心底无私天地宽 】

生活中，有的人遇到一点点委屈或很小的得失便斤斤计较、耿耿于怀；有的员工被领导训斥了一顿便咬牙切齿、愤恨不已；有的学生听了老师或家长一两句批评的话就接受不了，甚至痛哭流涕，寻死觅活；有的人对一点小小的失误就认为是莫大的失败、挫折，长时间耿耿于怀；有的人只同与自己一致或不超过自己的人交往，容不下那些与自己意见有分歧或比自己强的人。

二战结束后不久，在议会大选中，丘吉尔落选了。他是个名扬天下的政治家，对他来说，落选当然是件极狼狈的事，但他却很坦然。当时他正在自家的游泳池里游泳，秘书气喘吁吁地跑来告诉他："不好啦，丘吉尔先生，您落选了。"丘吉尔爽朗地一笑说："好极了，这说明我们胜利了，我们追求的是民主，民主胜利了，难道不值得庆贺吗？朋友，劳驾，把毛巾递给我，我该上来了。"丘吉尔的豁达、从容、理智，令人赞赏不已。

有一次，楚庄王大宴群臣。喝得正高兴时，一阵风将灯烛全吹灭了。趁着黑暗混乱，有人拉扯着楚庄王宠妾许姬的衣衫，而许姬也扯下了对方的官缨，并告诉了楚庄王，要求他点亮灯烛来查这个帽子上没了缨的臣子。

楚庄王心想：是我赐给的酒，使人喝醉后失了礼仪，难道让我为了维护妇道人家的贞洁而羞辱我的臣子吗？于是，向群臣下命令："今天同我喝酒的，不去掉帽缨的不算尽欢。"臣子们都纷纷去掉自己的帽缨，然后庄王命点上灯火，尽兴欢宴。

后来，楚国与晋国交战，有一位将官勇往直前，杀敌无数，且当庄王陷入敌军包围中时，又是他奋不顾身救出了庄王。战争结束后，楚庄王很奇怪这位臣子何以这样勇猛，一问，原来是那晚酒宴上被许姬扯断帽缨的人报答庄王大恩的。

　　一旦把眼光放在大事上，自己一时的得与失便觉得算不上什么，对有利于整体、全局的人与事都能容纳与接受，把眼光从狭隘的个人圈子里放出去。抛开"自我中心"，就不会遇事斤斤计较，任何事情都能大事化小，小事化了了。

　　弥勒佛整日笑呵呵的，人们形容他时常说："大肚能容，容天下难容之事；开口便笑，笑世间可笑之人。"如果我们充分认识到并且做到了豁达处世、大度待人，便会发现那些斤斤计较、小肚鸡肠的人是多么可笑。

人生妙悟：

　　斤斤计较的人，只会令自己烦恼不堪。心底无私，天地自然广阔。

第十四章

享受灿烂生活

生活如歌，歌中有玫瑰、月光、蝴蝶、鸟鸣，也有骤风、疾雨、烈日、涛声。它是恬静的，幽美的；又是热情的，奔放的。

生活如路，路上有青草、树木、鲜花、虫鸣，也有沙尘、石块、荆棘、泥泞。它是宽阔的，平坦的；又是凹凸的，坎坷的。

生活如酒，酒中有芬芳、鲜美、甘甜、清冽，也有苦涩、酸楚、辛辣、刺心。它是醉人的，香醇的，又是猛烈的，灼痛的……

你要大胆地拥抱生活，亲身体验、感悟，才会了解人生的缤纷多彩。

投身到生活之中去，尽情享受吧！

读书有乐子

【好书乃人生良友】

书，是人类文化遗产的结晶，是人类智慧的仓库。宋钦宗赵恒有一段著名的言论："富贵不用买良田，书中自有千锺粟；安居不用架高堂，书中自有黄金屋；出门莫恨无人随，书中车马多如簇；娶妻莫恨无良媒，书中自有颜如玉；男儿若遂平生志，六经勤向窗前读。"今天看来，虽有偏颇，但也说明读书的功用、趣味无穷。

英国学者培根说："读书足以怡情，足以博彩，足以长才，怡情也，最见独处幽居之时，其博彩也，最见于高谈阔论之中；其长才也，最见于处世判事之际。"他又说："读史使人明智，读诗使人灵秀，数学使人严密，物理学使人深刻，伦理学使人庄重，逻辑学、修辞学使人善辩；凡有学者，皆成性格。"读书，可以让我们体悟人生，读懂历史，明了世界。

古今中外，爱读书的人都深知书中的乐趣。

宋苏舜钦将读书当作下酒的菜肴，边读边饮，一夜一斗。

明陈继儒曾言："古人称书画为丛笺软卷，故读书开卷以闲适为尚。"清张潮在《幽梦影》中说："少年读书，如隙中窥月；中年读书，如庭中望月；老年读书，如台上玩月。皆以阅历之浅深，为所得之浅深耳。"

斜月小窗勤读书是一种乐趣，红袖添香夜读书是一种乐趣，欧阳修的"马上、枕上、厕上"是一种乐趣，而清代的金圣叹认为雪夜闭户读禁书，是人生最大的乐趣。

宋女词人李清照和丈夫赵明诚总爱跑到相国寺去买书籍、碑文，回来相对展玩，一面剥水果，一面赏碑帖，或者一面品佳茗，一面校勘各种不同的版本。后来她在《金石录后序》里写道：

余性偶强记，每饭罢，坐归来堂烹茶，指堆积书史，言某事在某书某卷第几页第几行，以中否角胜负，为饮茶先后。中即举杯大笑，至茶倾覆怀中，反不得饮而起。

甘心老是乡矣！故虽外忧患困穷而志不屈……于是几案罗列，枕席枕藉，意会心谋，目往神授，乐在声、色、狗、马之上。

明代作家袁宏道有一晚在一本小诗集里，发现一个名叫徐文长的同代无名作家时，他由床上跳起，向他的朋友呼叫起来，他的朋友开始拿那本诗集来读，也叫起来，弄得他们的仆人疑惑不解。

英国小说家乔治·艾略特说她第一次读到卢梭的作品时，好像受了电流的震击一样。

许多生活实例告诉我们，丰富的知识文明能够极大地丰富一个人的内心世界。野蛮的人有了文化素养，可以变得文明。缺乏教养的人有了丰富的知识，可以逐步变得有教养。骄傲的人，多学一些知识，就能看到知识的无穷，从而变得谦恭。自卑感强的人，有了丰富的知识，也会看到自身的力量，从而增强自信。丰富的知识不仅能使人变得更加文明，还能使人成熟老练，多谋善断。运筹帷幄，决胜千里的将才，都有着广博的才学；而盲目蛮干的蠢材则大都孤陋寡闻。

许多有益的好书，具有特殊的营养价值，能增强我们的抗菌免疫力。沿着健康的书籍所搭成的"人类进步的阶梯"往上走，能使我们更好地把握人生的真谛，掌握自我塑造和自我修养的钥匙，达到崇高的精神境界。

人生妙悟：

读书其乐无穷。它能陶冶情操、调整心绪，像亲爱的朋友、伴侣一样，给我们温暖的欢乐。

情趣人生

【 有品位有情趣，人生才缤纷多彩 】

生活可以简单，但却不可以粗糙。只要我们有一颗热情爱美的心，生活就可以变得精致、优雅起来，情趣、品位就会如影相随。

1. 音乐

一曲激昂的《命运》，会让你意气风发，精神为之一振；一支优美的《多瑙河圆舞曲》，会让你手之舞之，足之蹈之；一段动人的《爱的协奏曲》，会让你忘却忧烦，醉了心房；一首舒缓的《月光》，会让你思绪轻扬、心灵曼舞……

音乐可以陶冶情操，人可以从音乐中获得力量。听音乐不仅是一种美的享受，它还能调节人的情绪。当心情沮丧、闷闷不乐时，打开音响，听听音乐，不仅可享受到一种美的艺术，而且可陶冶情操，激发热情，兴奋大脑，使你从中获得生活的力量和勇气。

音乐能直接影响一个人的内在感情；音乐能使一个人得到对"美"的满足感；音乐能诱发一个人的潜在动力；音乐能引发想象和联想；音乐是一种非语言的沟通工具；音乐能帮助一个人宣泄内在的情绪；音乐活动能使一个人感到自我满足；聆听或参与音乐历程是一种愉快的经验。

2. 钓鱼

心里偷闲，我们可以去钓鱼。一竿在手，独坐钓鱼台，看那微风过处，波光粼粼，别有一番趣味。它让你远离纷争，心旷神怡。

钓鱼不仅可以让人忘却烦恼，放松身心，而且可以历练心性。脾气急躁者钓不得鱼，因为他们耐不得寂静；心胸狭窄者钓不得鱼，因为身旁的人钓到鱼会让他们嫉妒，让他们心起波澜；贪婪吝啬者钓不得鱼，因为他们只想钓到更多更大的鱼，却不想下大鱼饵，他们满脑子是鱼，最后却钓不到鱼。

真正的钓鱼高手，是不为钓鱼而钓鱼的人，他们图的是一个过程，是一种体验，正所谓"钓翁之意不在鱼"。

3. 赏画

曾读过一首诗：远看山有色，近听水无声。春去花还在，人来鸟不惊。这诗的谜底就是画。

你静静地欣赏过《牧马图》、《雪景寒林图》、《山路松声图》、《清明上河图》吗？你细细地品味过《蒙娜丽莎》、《日出》、《向日葵》、《拾穗者》吗？

常欣赏美术名作，可以使我们受到美的熏陶，增进艺术修养，提升高雅品位。

作品是老师，是教育的方法，是自我修养的好帮手。它使得家里变得更令人愉快和有吸引力。它使家庭生活变得甜美，它使家中营造出优美雅致的氛围来。它使一个人从只关注个人的一己之利中解脱出来，在增强他同自己家庭的愉快交往的同时，也扩大了他对外部世界的友好联系。

一幅山水卷轴能让我们不尽遐想，几欲神游其中；一位伟人的肖像画有助于我们去理解他的人生。这幅画赋予了他一种内在的魅力。仔细端详他的相貌，我们觉得似乎对他了解得更多，与他更亲近了。这会无形中提升我们的精神气质和心灵品性，是我们迈向更高人生境界的桥梁。

4. 赏花

花草是美的象征。以花为伴，与花交友，可以让美沁入心中，让忧烦散去。赏花时，观其万紫千红，品其芬芳馨香，其乃仙人之福，乐趣无穷！

花是大自然最美丽的微笑。"欢笑的花朵"就是诗人对鲜花的赞叹。然而，在盛开的鲜花身上，还蕴含着比美丽更多的东西，只有一个聪慧的人才能看出鲜花中所蕴含的全部美丽、仁爱和对大自然的适应。

带一朵最普通的花回到家里，把它放在桌上或窗台上，这样，你就是放了一束阳光在那里；那里就会发出鲜花的欢笑。它们对那些精神萎靡的人有多大的安慰！它们是甜美的欢乐，是来自天堂的使者。

如果你能在窗台上培育一棵草或几株花，那么，你就拥有了你所能发现的风景画中的最佳视角。在窗台上放置鲜花会使空气变得清新甘甜，使房间显得优美雅致，使阳光具有新的魅力，使人的眼睛为之一亮，把大自然与美连在一起。鲜花永远是美丽和微笑的化身。

5. 藏书

一个优雅、有品位的人，应该是爱书的。独处时，一盏香茗，一本好书，让你渐入佳境；聚会时，谈天论地，妙语如风，让人开怀欢喜。

腾出个小小的书房，倚着书架，细品自己的爱书，真是人生一大美事。我们可以多逛书店，去旧书市场淘宝。几十本也可，几百本也可，精读也罢，粗翻也罢，有了藏书，你的人生将典雅起来。

6. 游戏

平时友人聚会，或春节家人团圆，大家玩一些游戏，可以娱乐身心，融洽气氛。无论是围棋、象棋、五子棋，还是扑克、麻将、行酒令，都会增添不少乐趣。

当然，一味沉迷其中，白白浪费时间、精力、金钱，是不可取的，凡事应适可而止。

人生妙悟：

一个真正懂得生存的人，才会充分享受到人生的快乐。

身边的幸福点滴

【 生活中并不缺少幸福，而是缺少发现 】

生活中并不缺少幸福，而是缺少发现幸福的眼睛。搜集起一点一滴的幸福，你就成了一个精神上的富翁。其实，幸福就在这里：

帮他人一个小忙；

送恋人一枝玫瑰或百合；

看一部大片；

在细雨中漫步；

下班时冲个热水澡；

到球场去看场球赛；

在公共汽车上给老人让一次座；

看一本好书；

听自己最喜欢的音乐；

为自己买一件小礼物；

用别致的瓷器喝茶；

养一盆花；

周末爬一回山，踏一回青；

约朋友到家中吃晚餐、聊天；

看名人画展；

逛跳蚤市场；

为恋人写一首诗；

看日出日落；

把借的钱还给别人；

睡个懒觉；

给久未联系的朋友打个电话；

划一回船；

在无人时大声歌唱；

给陌生人一个微笑；

买回倾慕已久的东西；

在阳光下散步；

给父母写封信；

给爱人一个吻；

对着镜子做个鬼脸；

发个短信息祝福友人；

与家人一起看电视；

与同学在一起回忆大学时光；

读一篇美文，心有所感；

向捐款箱里放一张钞票……

幸福藏在生活中的每个细节里，只要你留意生活，你就一定可以发现幸福；只要你善待生活，你就一定可以拥有幸福。幸福就是：走过山山水水，脚下高高低低，经历风风雨雨，还是寻寻觅觅，活得多多少少，失去点点滴滴，生活忙忙碌碌，重要开开心心。

人生妙悟：

幸福点滴会让阴雨连绵的日子里出现阳光，会让枯萎的花朵重新滋润，会让你寂寞的心灵时时颤动。

留一点童心

【 童心让人生更简单更快乐 】

许多人看见孩子无忧无虑地欢笑、嬉戏，常发一些感慨：还是做孩子开心。

其实，我们都当过快乐的孩童，只是长大了，会疏远或丢失一些孩子身上的金子：纯真、无邪、热情、想象力，容易满足，简单快乐……

暑假到了，一位大城市里的父亲带着儿子去农村体验生活，他想让从小衣食无忧的儿子知道什么是穷人的生活。

他们在一家最穷的人家里待了两天。

回来后，父亲问儿子："旅行怎么样？""好极了！""这回你知道穷人是怎么过日子的了？""是的！""有何感想？"儿子兴致勃勃地说："真是棒极了，他们一家人真富有啊！咱家只有一只猫，我发现他们家里却有三只猫，咱家仅有一个小游泳池，可他们竟有一个大水库。我们的花园里只有几盏灯，可他们却有满天的星星，还有，我们的院子只有前院那么一点草地，可他们的院子周围全是大片大片的草地，还有好多好多的牛羊鸡鸭，瓜果蔬菜！"

儿子说完，父亲默然。

接着儿子又说道："感谢父亲让我明白了我们有多么贫穷！"

这就是快乐的孩子，他能处处发现美，发现快乐。

在孩子们眼中，幸福很简单。

有位老师曾让一群少年、少女把自认为"最幸福的是什么"一一写下来。他们的回答令人觉得感动。这是少年们的回答：

"有一只雁子在飞，把头探入水中，而水是清澈的；因船身前行，而分拨开来的水流；跑得飞快的列车；吊起重物的工程起重机；小狗的眼睛……"

以下则是少女们的回答：

"倒映在河上的街灯；从树叶间隙能够看得到红色的屋顶；烟囱中冉冉升起的烟；红色的天鹅绒；从云间透出光亮的月儿……"

在孩子们的眼中，友爱、助人是极自然的，不像大人们一样有私心、功利心。

春光明媚，公园里，许多小孩正在快乐地游戏，其中一个小女孩不知绊到了什么东西，突然摔倒了，并开始哭泣。这时，旁边有一位小男孩立即跑过来，别人都以为这个小男孩会伸手把摔倒的小女孩拉起来或安慰鼓励她站起来。但出乎意料的是，这个小男孩竟在哭泣的小女孩身边故意也摔了一跤，同时一边看着小女孩一边笑个不停。泪流满面的小女孩看到这幅情景，觉得也十分可笑，于是破涕为笑，俩人滚在一起乐得不可开交。

另外，孩子们敢爱敢恨，敢哭敢笑，不记仇，不做作。留一点童心，我们可以少一些斤斤计较，少一些忧愁烦恼，多一些热情友善，多一些豁达乐观。

人生妙悟：

拥有一颗童心，生命会更简单更幸福。

学习智者的阳光生活

【 我们应将生活当作一种享受 】

会享受生活的人是快乐的。古往今来，智者的生活方式令人羡叹。

晋代的陶渊明，天性爱自然，在官场上就像池中鱼笼中鸟一般。终于有一天，他不肯为五斗米而折腰，罢官而去。从此，采菊东篱，种豆南山，虽清贫却自得其乐。

唐代的李白，为了精神快意自由，毅然远离京都，"且放白鹿青崖间，须行即骑访名山"，"安能摧眉折腰事权贵，使我不得开心颜"。

宋代的苏东坡，一生贬谪四方，历尽波折。刚到密州时，那里连年收成不好，盗贼成群。他与亲人常以野菜作口粮。人们认为他过得肯定不快活。一年后，他竟胖了，白发有的也变黑了。东坡说，这里风俗淳厚，易于管理。我常登临山水，种菜捕鱼酿酒，乐在其中。

明末清初的金圣叹曾写下快乐时刻三十三处，每处结尾都有"不亦快哉"。这里选录几则：

其一：久欲为比丘，苦不得公然吃肉。若许为比丘，又得公然吃肉，则夏月以热汤快刀，净割头发。不亦快哉！

其一：存得三四癞疮于私处，时呼热汤关门澡之。不亦快哉！

其一：坐小船，遇利风，苦不得张帆，一快其心。忽逢疾行如风。试伸挽钩，聊复挽之，不意挽之便着，因取缆缆其尾，口中高吟老杜"青惜峰峦、共知橘柚"之句，极大笑乐。不亦快哉！

其一：冬夜饮酒，转复寒甚，推窗试看，雪大如手，已积三四寸矣。不亦快哉！

其一：久客得归，望见郭门，两岸童妇，皆作故乡之声。不亦快哉！

其一：推纸窗放蜂出去，不亦快哉！

其一：做县官，每日打鼓退堂时，不亦快哉！

其一：看人风筝断，不亦快哉！

其一：看野烧，不亦快哉！

其一：还债毕，不亦快哉！

他满腹才学，却无心功名八股，因钟爱稗官野史，终日饮酒高论，被人称为"狂士"、"怪杰"。后来，因"哭庙案"牵连，被清廷斩首。被杀当日，他写家书一封托狱卒转交妻子，信中只写："字付大儿看，盐菜与黄豆同吃，大有胡桃滋味，此法一传，吾无遗憾矣。"

叼雪茄，Ｖ字型手势，是丘吉尔最典型的动作。他也是世界政治明星中少有的寿星，在人间天堂里漫游了90多个春秋。有人说，丘吉尔是政治家中最贪图享受的一个。平时，他乐于穿戴高级华丽的衣服，也喜爱精美的佳肴，更愿意有美丽的女郎与他相随。他有豪华住宅，常坐大型游艇出游。即使是在他去世前，也没有忘记要上一杯上等白兰地，一饮而尽，啜饮最后一滴人生的甘美。

我们说享受生活，不是说要去花天酒地，也不是要去过懒汉的生活，吃了睡，睡了吃。如果这样"享受生活"，那才叫糟蹋生活。

享受生活，是要努力去丰富生活的内容，努力去提升生活的质量。愉快地工作，也愉快地休闲。散步、登山、垂钓或干脆就坐在草地或海滩上晒太阳。在做这一切时，使杂务中断，使烦忧消散，使灵性回归。

人生妙悟：

我们会工作，会学习，也要会从容地享受生活，领会生活的诗意和乐趣。

投奔大自然

【 漫步山水，乐以忘忧 】

在城市中待久了，我们可能会忘记四季的变化，日月的起落，山水的美妙。不妨抽空去一趟大自然，给自己麻木、疲惫的心灵放个假。

大自然中有许多美好的东西值得我们去享受：蓝天白云，花红草绿，飞溅的瀑布，浩瀚的大海，雪山与草原……

某地有个远近闻名的长寿村，那里环境幽美、空气清新、泉水甘甜。据说，小村庄里百岁以上的老人就有50多人，下地干活的八旬老翁屡见不鲜。

有位健康专家到那里作了深入调查后，得出的结论是：这儿之所以生病的人少，长寿的人多，全都是大自然的恩赐。

当我们泛舟洞庭，诵起孟浩然的"气蒸云梦泽，波撼岳阳城"时；当时我们傲立泰山，吟着杜甫的"会当凌绝顶，一览众山小"时；当我们仰观瀑布，想起李白的"飞流直下三千尺，疑是银河落九天"时；当我们走进终南山，念着王维的"明月松间照，清泉石上流"时；当我们登上长城，想着毛泽东的"不到长城非好汉"时，我们必将会抛去所有愁苦、烦恼，豪气、愉悦、恬静会充溢心灵。

大自然的魅力在于它巨大的生命力。

大自然的神奇，可以让人真切体会到生命的渺小和珍贵；大自然的美丽，可以让人体会到人生的壮美。所以，生活中当你感到烦闷时，不妨背起行囊，一个人独自去游山玩水，到大自然中放逐自己。

据说恺撒与亚历山大就是在战事最繁忙的时候，仍然充分享受大自然的乐趣。他们认为，享受自然乐趣是自己正常的活动，而战事才是非正常的活动。

爱因斯坦一生刻苦地攀登科学高峰，他也没忘了时不时拉拉小提琴，让心灵沉浸在美妙的音乐里。毛泽东一生戎马倥偬，日理万机，仍会去江河游泳，和大自然亲近。

置身大自然，漫步山水间，任心灵自由自在地驰骋，让人在物我两忘的意境中，这是何等的快意、何等无拘无束啊！南朝梁文学家吴均在《与朱元思书》中说："鸢飞戾天者，望峰息心；经纶世务者，窥谷忘返。"英国哲学家罗素曾经说过："我们的生命是大地生命的一部分，就像所有动植物一样，我们也从大地上吸取营养。"

有一位睿者说："当我们明心见性，达到内外如一、心物合一的境界，我们便能从任何细微的事物中获得智慧的启示。安静地看一瓢水，可以听到它演示的清净义，请汲来柔润自己的心田；细致地看一朵花，可以听见它宣说的庄严义，请掬来美化自己的生命。这就是奇妙的万事万物无时无地不在百般譬喻、殷勤示教，你听见了吗？"

当你走进大自然，投入它那宽广的胸怀时，大自然的一草一木似乎都有灵性，都会给你抚慰，给你豪气，给你人生的真谛。

人生妙悟：

大自然中有轻风的低语，松涛的吟唱，清泉的叮咚，鸟儿的欢啼。投奔它，你心灵的尘垢会随风而去，胸中的块垒会随水而流，你将愉悦清朗，潇洒通透。

时刻充电，迎接挑战

【 终生学习是 21 世纪的生存概念 】

有位伐木工人，上班第一天，老板给了他一把利斧，让他去山上伐木。这一天，这位工人砍了 15 棵树。老板说："干得好！"并奖给他一瓶白酒。

第二天，他干得更加起劲，但只砍了 10 棵树。

第三天，他天不亮就起床上山干活，可一直干到天黑，才砍了 7 棵树。

工人觉得很惭愧，便跑到老板那里表示歉意，说不知什么原因，自己的力气突然一天比一天小了。

"你上一次磨斧子是什么时候？"老板问他。

"我天天忙着砍树，哪有时间磨斧子啊！"工人惊讶地回答说。

今天，只知埋头苦干，而忘记为自己充电的人，会像这个工人一样，日渐落后。

1994 年 11 月，在意大利首都罗马举行了"首届世界终生学习会议"，会议提出"终生学习是 21 世纪的生存概念"，并强调："如果没有终生学习的意识和能力，就难以在 21 世纪生存。"

有位伟人说过："情况总是在不断地变化，要使自己的思想适应新的情况，就得学习。"我们只有不断地学习，才能不断地适应外部环境的变化，如果停止学习，要想继续发展就很困难了。

参与竞争需要实力，把握机遇需要准备，迎接挑战需要勇气。社会竞争如此白热化，如果不顺应时代发展的潮流，不及时"补钙"，就会得"软骨症"；不及时充电，就不能释放出足够的能量，最终会被这个社会忽视、抛弃。

作为时代希望的青少年一代，一方面要不断给自己充电，学习和掌握更多的科学技术知识，另一方面善于把所学知识充分运用到工作实践中。要时刻存有忧患意识和历史使命感，抓住机遇，迎接挑战，为自己的美好人生打开幸福之门。

据国外一项调查显示，半数的劳工技能在 1 ~ 5 年内就会变得一无所用，而以前这段技能的淘汰期是 7 ~ 14 年。特别是在工程界，毕业 10 年后所学还能派上用场的不足 1/4。

在今天这个知识经济时代，前半生"充电"；后半生"放电"的想法已不合时宜，我们要有一种知识恐慌、能力恐慌、本领恐慌，防止在以后的人生中后劲不足，突然"断电"以致败下阵来，要把自己从一个"干电池"变成一个"燃料电池"，不断地加入新的燃料成分，源源不断产生新的能量，我们要充分利用点滴时间来进行学习，达到充电和增智的目的。一旦体会到书到用时方知少时，就为时已晚了。

人生妙悟：

活到老，学到老，在这个时代尤为贴切。时刻为自己充电的人，将永远引领时代浪潮。

做你最爱做的

【 兴趣、爱好有助于天才的形成 】

16世纪时，日本有一位画圣雪舟，因幼时家贫，不得不进山当和尚，但他酷爱画画，常因为学画而误了念经。

一次，长老见他为画画走火入魔、"屡教不改"，因而大怒，将他的双手反绑，捆在寺院的柱子上。

雪舟不愿意因此放弃画画，想到伤心处，不由得泪如雨下。那些泪水刚好滴落在地上，激发了雪舟的灵感，他居然伸出了大脚趾，蘸着泪水就在地上画了起来，画出了一只活灵活现的小老鼠。

长老见了大吃一惊，终于认定这孩子日后必有出息，不再限制他画画。后来，雪舟果然成了一代宗师。

坚持你的兴趣爱好，有助于事业的成功。世界上有许多做出杰出贡献的伟人，不少是从兴趣开始的。浓厚的兴趣，让达尔文把甲虫放进嘴里；让魏格纳一生中四次去格陵兰探险；让达·芬奇不顾教会的反对连续解剖许多尸体……

爱因斯坦四五岁时就对指南针发生了兴趣，他长时间摆弄它，心想那小针为什么总是指着同一方向。他还不厌其烦地搭积木，直到把又高又尖的"钟楼"搭好为止。正是这种浓烈的兴趣和伴之而来的思索、追求，使他成为近代伟大的物理学家。

郭沫若曾说过："兴趣爱好也有助于天才的形成。爱好出勤奋，勤奋出天才。兴趣能使我们的注意力高度集中，从而使得人们能完美地完成自己的工作。"牛顿就是从一只苹果落地，发现了万有引力定律的。

生活中，每个人的价值观和对生活的认同感并不尽然相同，人们当然可以给你意见，为你分析，你可以参考，但绝对不可以一个口令一个动作，人家说好的便去做，人家不认同的，便放弃不做，这样只是对自己的不尊重而已。把自己生命中该思考的问题，丢给别人，根本就是不负责任的行为！

有人用唱歌活出自己、有人用画画、有人用舞蹈、有人用种田、有人用煮饭、有人靠买卖……方式各异但唯一相同的是：这都是自我的选择。

兴趣爱好可以开阔人特别是青年人的眼界，使之胸襟豁达，朝气蓬勃，个性得到充分发展，精神境界更为高尚。当一个人对生活，对事业产生浓烈的兴趣后，他就会感受到生命的可贵可爱，代之为精神的愉悦，永远以充饰的热情投入到工作和生活中去。

生命是自己的，生活是个人的，方式更是自己选的，每个人只要将自己最擅长、最喜欢的部分去延伸发展，就可以发展各自璀璨的自己。

人生妙悟：

兴趣、爱好是最好的老师，能成就大事；怀有浓烈的兴趣爱好，可以感受到生命的可贵、可爱，可以化为精神的欢悦。

生活离不开眼泪

【 眼因多流泪水而愈益清明 】

人们常说："男儿有泪不轻弹，只是未到伤心处。"一首歌却唱道："男人哭吧哭吧不是罪。"其实，无论男人女人，都无法完全拒绝眼泪。它是人们情感的自然流露。

由于内心感到委屈或精神受到重大刺激，我们往往会哭泣流泪。该哭不哭，一味地忍，闷在心里时间久了，心中的压抑就会越积越重，精神负担也就越来越大，进而出现精神萎靡、情绪低落，叹息不止，导致失眠，影响食欲，出现悲观厌世甚至轻生的念头。

哭，会使心中的压抑得到不同程度的发泄，从而减轻精神上的负担，对健康是有一定好处的。有些心理学家主张：该哭你就哭吧！强忍着你的眼泪等于自杀。

眼泪可以使爱情更加甜美。生活中磕磕碰碰在所难免，恋人间一方伤心落泪，另一方绝无听之任之的道理。泪水可以浇熄尽头的怒火，可以软化坚硬的肝肠，使两人的心灵重新融会在一起，从而他们将和好如初，更加珍惜现在的幸福。

眼泪能促进家庭的和睦。"哇，哇……"孩子一哭，常常使正在吵架的年轻夫妇意识到原来这个家庭还有孩子，怨气很可能即刻烟消云散。是孩子让他们想到自己的责任和义务，从而自觉地停止争吵，理智上升把情感冲动压了下去。

眼泪可以增进亲朋间的感情，可以冰释亲朋间的隔阂。若遇久别重逢，人们常常抱头痛哭，这哭声和泪水在尽情地诉说着彼此之间深重的情谊。如若亲朋反目，一旦一方在某一时刻幡然悔悟，或意识到自己在无意中伤害了无辜的心灵，他也会流泪，此时的泪水可使彼此之间的隔阂壁垒转瞬间土崩瓦解。

我们的眼睛，遇见悲伤、忧愁的尘土时，一定会泪珠纷纷而下，非把它排除出去不可。

人生有如一列火车，欢喜与悲伤是它的两道铁轨，人的一生就是痛并快乐着，有失败的泪水，也有胜利的笑容，有收获，也有损失，有顺坦，也有坎坷。正因有泪水的酝酿，才有丰收后最甜美的笑容，也正因为有泪水的酸楚，才让我们懂得丰收的可贵，让我们更珍惜生命，珍爱生活。

我国女作家冰心曾说：雨后的青山，好像泪洗过的良心。美国女作家奥尔柯德说：眼因多流泪水而愈显清明，心因饱经忧患而愈显温厚。

我们离不开眼泪。因为有了它，我们理解了感动，领悟了生活。

人生妙悟：

生活需要眼泪。有了它，我们更加懂得了人生。

与岁月赛跑

【 想成功，就必须重视时间的价值 】

我们每一个人都拥有一种宝贵的财富——时间。

有个国家，一有婴儿出生，医院便会立即打开计算机，通过户籍网络看他（她）是这个国家的第多少位成员，然后以此为编号开始在户籍卡中输入这孩子的姓名、性别、出生时间及家庭地址。每一个刚出生的婴儿都有财产状况一栏。

一位外国黑客通过国际互联网侵入到该国的户籍网络，想把自己刚出生的儿子注册为该国人，并开始填写有关表格。在填写财产一栏时，他随便敲了一个数：36000瑞士法郎。黑客在确信一切天衣无缝后，关了机。谁知不到三天，当局就发现了这位假居民。原来，该国人在为孩子填写所拥有的财产时，写的都是"时间"二字。他们认为，对一个人，尤其是对一个刚出生的孩子来讲，他们所拥有的财富除时间之外，再不会有其他的东西。

这种财富具有奇妙的特性和伟大的力量。

哲人伏尔泰曾问："世界上，什么东西是最长而又是最短的；最快的而又是最慢的；最能分割的又是最广大的；最不受重视的又是最受人惋惜的；没有它，什么事情都做不成；它使一切渺小的东西归于消灭，使一切伟大的东西生命不绝？"

智者查帝格回答："世界上最长的东西莫过于时间，因为它永无穷尽；最短的东西也莫于过时间，因为人们所有的计划都来不及完成；在等待着的人看来，时间是最慢的；在作乐的人看来，时间是最快的；时间可以扩展到无穷大，也可以分割到无穷小；当时谁都不重视，过后谁都表示惋惜；没有时间，什么事都做不成；不值得后世纪念的，时间会把它冲走，而凡属伟大的，时间则把它们凝固起来，永垂不朽。"

富兰克林说："如果想成功，就必须重视时间的价值。"

鲁迅说："浪费自己的时间是慢性自杀，浪费别人的时间是谋财害命。"

人生由时间组成，不珍惜时间就是不珍惜自己的生命。而有时候，我们不但自己不在意时间的宝贵，而且还拖累别人跟自己去消磨时间。这是一件很残忍的事情，同时也是不道德和不尊重人的表现。

你可能没有莫扎特的音乐天赋，也没有比尔·盖茨的富有，但是有一样东西，你拥有的和别人一样多，那就是时间。每个人每天都拥有 24 个小时，所不同的是，有的人会有效地利用时间，合理地安排时间，从闲暇中找出时间；而有的人只会挥霍时间，无节制地消磨时间，在碌碌无为中了却一生。

人生，其实就是和时间赛跑，人人都有可能是胜利者。只有不参加的人，才是失败者。

人生妙悟：

孔子面对河水感叹："逝者如斯夫，不舍昼夜！"

据说美国夏威夷的学生上课有段祈祷词："一个人的一生只有三天——昨天、今天和明天。昨天已经过去，永不复返，今天已经和你在一起，但很快也会过去；明天就要到来，抓紧时间吧，一生只有三天。"

我们要珍惜时间，抓住今天，与时间赛跑，人生将夺得辉煌的桂冠。

好好打扮自己

【 形象是你的商标 】

现代社会中，人人都在推销自己，形象便是个人的商标。要让自己成为畅销产品，就要把自己包装成名牌，也就是必须拥有自己的黄金形象！

生活中，给对方留下了好印象的人大都好与对方交往，好与对方合作，好与对方办事儿。而一个人的仪表是给对方留下好印象的基本要素之一。"人靠衣装马靠鞍"，"三分人才、七分打扮"，一个人若有一套好衣服配着，仿佛把自己的身价都提高了一个档次，而且在心理上和气氛上增强了自己办事的信心。我们莫怪世人"以貌取人"，人皆有眼，人皆有貌，衣貌出众者，谁不另眼相看呢？着装艺术不仅给人以好感，同时还直接反映出一个人的修养、气质与操守。

着装水平代表着一个人的身份、文化素养、家庭背景，甚至也代表着一国、一族的文化。

（1）衣服要整齐清洁。整洁是穿衣戴帽的第一要求。如男士一套西装却未配领带，或下穿套鞋、球鞋，衣服起皱有污迹，衣领有油垢，足以说明他是一个事业平平、不拘小节的男人。

（2）衣服要妥帖合身。

（3）衣服的款式要合时。这不是要人们都追求流行、盲从时尚，但穿着过时的衣服会使人在一些场合尴尬，被人认为过气、老土。

（4）衣服要适合时令。服饰界流行讲究服饰着装的"TOP"原则，就是指穿衣戴帽要遵循"时间、地点、场合"的要求，因人、因时、因地地打扮。同时兼顾个性化特点。穿衣在适合时令的基础上还要与自己的年龄、职业、身材、肤色、性格相吻合。

（5）衣服应与生活相谐。居家着便服；运动着运动服；上班着职业装；

赴宴着深色西装或礼服裙；睡眠着睡衣。

（6）凡穿戴大衣、风衣、雨衣、帽子，入室应取下，交有关人员保管；走时再取戴。

（7）不在人前整衣、裤、裙，脱袜，脱鞋；化妆、补妆尤应回避。

（8）参加丧礼或吊唁亡者，衣着朴素简单，男女均应着深色西服、系黑领带，穿黑色套裙、素服等。女士不化妆，不涂艳丽口红和指甲油。

（9）在隆重、盛大的场合，应按规定着装。男女均选深色为宜，举止端庄、行为大方。

（10）任何时候穿皮鞋都应打亮。男士着黑皮鞋均配深色袜子。

另外，还要注意化妆和饰物搭配，尤其是女性。化妆是为了对自己的容貌进行修饰，以期扬长避短，使自己光彩照人、精神焕发，从而在人际交往中更为自信。而恰到好处的饰物，如领带、皮带、手袋、双肩包、袜子等，会给你增添几分潇洒、从容。

人生妙悟：

三分人才，七分打扮。好形象就是你的品牌，它能让人对你另眼相看。

凡事过犹不及

【 合理有"度"，人生将潇洒自如 】

生活中，我们做任何事情，过"度"了，就失去了平衡，也失去了乐趣。

1. 工作狂

许多人视工作、事业如生命，一天到晚，可以有十几个小时扑到上面。他们每天早出晚归，不给自己假期，不旅游，不休闲，不锻炼身体，几乎没空陪家人。

当然，这些人精神可嘉，热情可敬，他们可能都会有所成就，但这种人生态度、生活方式却有不合理、不科学之处。久而久之，身体可能会垮，心理会疲惫不堪，爱情、婚姻会亮起红灯，孩子会缺少关爱……

专家指出，一个人必须学会劳逸结合，才能更加有效地做事。张弛有度，多运动，会休闲，爱惜自己，多点时间陪陪家人，生活才更有滋味。

2. 娱乐狂

生活中，有人整日出入 KTV 包厢、酒吧、舞厅，或吃喝，或玩乐，抱着及时行乐的人生哲学。日子久了，养成挥霍、游戏人生的习惯，不仅挥霍了金钱，也挥霍了宝贵的青春年华。

人生在世，应有一个明确的目标，做一些于人于己有实际意义的事情。生于忧患，死于安乐。沉于享乐、安逸只能播种平庸的人生。

其次，对生活要有热情。玩乐大多只会让人逐渐变得空虚、厌倦，而积极、认真的心态才能填补生活的空白。

另外，要克制自己，提高自己的心理素质。充实自我，端正态度，就一定能迎来精神和事业上的光明。

3. 吃喝狂

生活中，有人面对美食，大吃大嚼；奔波于酒场上，狂饮滥喝。结果呢？

健康受损，引发多种疾病，还会导致精神障碍，对人对己都弊大于利。

这类人应注意：要确立健康的生活观、竞争目的；调整心态，不该去的饭桌、酒场就委婉推辞；应提倡文明饮酒；疏远酒肉朋友，多结交有深度、能给你忠告和快乐的朋友。

4.网络狂

网络作为科技发展的产物，有诸多好处。但负面影响不容忽视，尤其是对青少年。

(1)网上内容庞杂、良莠不齐，各种思想意识会对青少年的人生观、价值观进行巨大的冲击。

(2)网上的不良信息、网络犯罪对青少年身心健康和安全构成严重威胁。

(3)上网时精神极度亢奋并乐此不疲，下网后则烦躁不安、情绪极易波动。

(4)上网的行为常常不能自制，使人宁可荒废学业或事业甚至抛弃家庭，也要与电脑为伴。

(5)工作和学习积极性减退，沉醉和崇尚虚幻的网络世界，对现实生活缺乏起码的热情。

(6)严重者不吃不喝不睡地上网，终导致神情呆滞，肢体活动吃力。

生活中，我们应注意以下几点：

(1)合理使用网络，多浏览有价值的内容。

(2)树立正确的人生观，培养自己的责任心。

(3)增强心理防范意识，提高心理免疫力。

(4)珍惜身边拥有的一切，多发现生活中的美。

(5)作为父母，要与孩子多沟通，多给予关怀；疏胜于堵，努力发现孩子的优点，加以引导；学习网络知识，为孩子上网发挥一些指导作用，采取一些保护措施。一同上网的过程中还可以增加共同语言，增强情感互动。

5.购物狂

我们常见到一些人大包小包地疯狂购物，恨不得将商场搬回家。

据专家研究，购物这种行为本身可能产生短暂的快感或陶醉，因此容易使人像吸食可卡因一样的成瘾。

女性一般都有购物嗜好，这种嗜好进一步发展就可能成瘾，变成一种强迫性购物行为。虽然有购物癖的人也知道强迫性购物结局并不好，比如房间里堆满大量无用商品，最终还会身负巨债，但她们仍忍不住要疯狂购物。

　　人们强迫性购物有一个特点，在感到抑郁、焦虑、疲惫和有负罪感时会疯狂地购物。下面有一些自我调适的方法：

　　(1) 只买真正需要的东西，一旦有超出购物清单进行购物的冲动即快离开。

　　(2) 别一味追求潮流买东西；别把购物当成一种消遣。

　　(3) 尽量不在生气、悲伤、郁闷时购物。

　　(4) 给自己的消费打个算盘，身上或信用卡里只留着少部分钱。

　　(5) 冷静思考，采取其他发泄方式，转移冲动。

　　凡事切不可上瘾成性而迷失了人生路标，违背了生活规律，那样只会导致人生悲剧。张弛有度，人生才快乐常伴。

人生妙悟：

　　生活需要"度"，需要平衡。掌握好这一点，我们就能把握生命，获得真正的快乐。

做人是一门学问，轻松做人是一种境界，更是一种处世智慧，
生活是一大难题，快乐生活是一种艺术，更是一种人生追求。

轻松做人　快乐生活

QINGSONG ZUOREN KUAILE SHENGHUO